国家示范性高等职业院校建设计划项目
高等职业教育规划教材

建筑 CAD 基础与应用

主　编　李琛琛　邬　宏

副主编　申　钢　魏爱武

参　编　齐玉清　富　顺

　　　　郜　娜　崔　峥

机械工业出版社

本书共分 13 章，主要内容有：系统的主界面及其大概功能、工具栏的应用及其相应操作；命令的激活方式及文件的打开、新建、保存方式；常用快捷键及帮助功能；控制显示方式及操作、绘图单位及图形界限的设置、多窗口功能、系统坐标概念及输入方式；二维基本绘图命令及复杂的二维绘图命令；对象特性与图层；对象的编辑与修改；图案的填充与编辑；捕捉和栅格、正交与极轴、对象捕捉与追踪、动态输入功能的操作与应用；对象几何特征的查询方法；各种标注的创建，标注样式的定义、编辑与修改，标注的编辑与修改；块的创建与使用、编辑与修改；文字样式的定义，文字的创建与编辑、应用；图纸常用的打印输出的设置、方式及步骤。

　　本书可作为高等职业院校建筑工程技术等土建类专业的教材，也可作为相关工程技术人员及 CAD 软件应用人员的学习参考书。

图书在版编目（CIP）数据

建筑 CAD 基础与应用/李琛琛，邬宏主编 .—北京：机械工业出版社，2010.8（2015.2 重印）

国家示范性高等职业院校建设计划项目　高等职业教育规划教材

ISBN 978-7-111-30089-2

Ⅰ. ①建…　Ⅱ. ①李…②邬…　Ⅲ. ①建筑设计：计算机辅助设计-应用软件，AutoCAD-高等学校：技术学校-教材　Ⅳ. ①TU201.4

中国版本图书馆 CIP 数据核字（2010）第 160332 号

机械工业出版社（北京市百万庄大街 22 号　邮政编码 100037）
策划编辑：覃密道　责任编辑：李　莉　责任校对：李秋荣
责任印制：李　洋
北京振兴源印务有限公司印刷
2015 年 2 月第 1 版第 4 次印刷
184mm×260mm · 11.25 印张 · 275 千字
11001—13000 册
标准书号：ISBN 978-7-111-30089-2
定价：25.00 元

前　言

计算机绘图是近年来发展最迅速、最引人注目的技术之一。随着计算机技术的迅猛发展，计算机绘图技术已被广泛应用于机械、建筑、电子、航天、造船、石油化工、土木工程、冶金、农业、气象、纺织及轻工等多个领域，并发挥着越来越大的作用。

由 Autodesk 公司开发的 AutoCAD 是当前最为流行的计算机绘图软件之一。由于 AutoCAD 具有使用方便、体系结构开放等特点，深受广大工程技术人员的青睐。其版本 AutoCAD 2006 在运行速度、图形处理和网络功能等方面都达到了崭新的水平。

本书基于 AutoCAD 2006 的基本功能及操作，主要针对于高职高专院校土建类专业学生及建筑工程技术人员，通过以较典型的工程构件图形作为例子进行应用的讲解，详细介绍了 AutoCAD 2006在建筑工程中的应用，并以应用较多的工程图形作为练习，使读者对软件在工程上的应用有一个很好的感性认识，读者在实际操作时很容易熟悉掌握，可以快速地掌握 AutoCAD 2006 的使用方法和绘图技巧，达到融会贯通、灵活运用并独立绘制工程图形的目的。

本书在章节和命令安排上充分考虑到教学的特点，每一个命令从基本概念、操作方法到操作实例，有机地结合在一起，语言通俗易懂、条理清晰，内容循序渐进，图文并茂，并强调工程实践性，旨在提高读者的兴趣，与实际应用相结合，学以致用。

本书是作者在总结多年教学经验与工程实践经验的基础上编写而成的，既可作为高等院校相关专业的教材，也可作为从事建筑工程的技术人员的参考书。

本书由内蒙古建筑职业技术学院李琛琛、郐宏任主编，由内蒙古建筑职业技术学院申钢和内蒙古建筑学校勘察设计有限公司魏爱武任副主编，内蒙古建筑职业技术学院齐玉清、富顺、郜娜、崔峥参编。编者都是有多年 CAD 教学经验并有长期工程实践经验的教师和一线工程技术人员。具体编写分工如下：李琛琛编写第 1、第 2、第 5 章以及第 6 章的 6.1 ~ 6.3、第 7 章的 7.1、7.2、7.3.3、7.4.1、7.4.3 ~ 7.4.5，第 11 章的 11.1、11.5；郐宏编写第 3 章；申钢编写第 12 章；魏爱武编写第 8、第 13 章；齐玉清编写第 7 章的 7.3.1、7.3.2、7.3.3、7.3.4、7.4.2 和第 9 章；富顺编写第 4 章及第 6 章的 6.4；郜娜编写第 11 章的 11.1 ~ 11.4；崔峥编写第 10 章。

由于编者水平有限，书中难免有错误和不足之处，请广大读者批评指正，以便今后改进和完善，谢谢！

编　者

目　　录

第1章　认识 AutoCAD

✲ 学习要求：通过本章的学习，要求熟悉 AutoCAD 2006 的用户界面，掌握工具栏的应用及其相应操作，命令的激活方式及文件的打开、新建、保存方式，常用快捷键及帮助功能。

✲ 学习提示：熟悉用户界面的特点并掌握相关操作是学习和使用 AutoCAD 2006 的基础。

1.1　AutoCAD 2006 的功能

计算机绘图技术是当今时代每个工程技术人员不可缺少的应用技术手段。AutoCAD 是美国 Autodesk 公司开发的专门用于计算机绘图的软件，该软件具有简单易学、准确无误的特点。对于从事工程设计的人员，需要在应用相应专业软件的基础上，应用本软件进行一些补充修改以及特殊图形的绘制，使工程设计图样更加完善全面；对于施工等领域的工程技术人员，可应用本软件进行工程竣工图的绘制并可辅助施工放线。因此，熟练掌握本软件的操作应用，可以大大降低工程技术人员的工作强度，提高工作效率。

AutoCAD 2006 具有以下主要功能：

（1）具有完善的图形绘制功能。

（2）具有强大的图形编辑功能。

（3）可以采用多种方式进行二次开发或用户定制。

（4）可以进行多种图形格式的转换，具有较强的数据交换能力。

（5）支持多种硬件设备。

（6）支持多种操作平台。

（7）具有通用性、易用性，适用于各类用户。

1.2　启动 AutoCAD 2006

AutoCAD 安装后会在桌面上出现一个快捷方式图标，双击该图标可以启动 AutoCAD 2006，启动 AutoCAD 2006 后，直接进入 AutoCAD 2006 工作界面。

1.3　AutoCAD 2006 工作界面

AutoCAD 绘图系统的主界面如图 1-1 所示，其中包括标题栏、主菜单栏、图形工具栏、绘图区、命令行、状态栏。

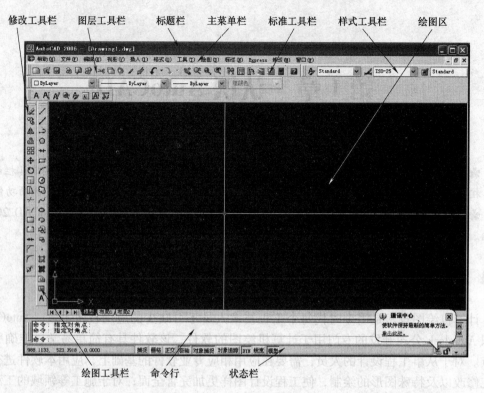

图 1-1　AutoCAD 2006 工作界面

1.3.1　标题栏

标题栏位于本绘图系统主界面的最上方，显示当前正在应用的软件名及文件名。控制图标可进行窗口的最大化、最小化和关闭按钮的操作。

1.3.2　菜单栏

菜单栏位于本绘图系统主界面的第二行，菜单是调用命令的一种方式。菜单栏以关联的层次结构来组织各个菜单项，并以下拉的形式逐级显示。

菜单栏包括文件、编辑、视图、插入、格式、工具、绘图、标注、修改、窗口、帮助11 个菜单选项。它将所有命令分门别类地组织在一起，可以通过访问菜单激活命令或弹出相应的对话框。选择菜单选项的方法有以下几种：

（1）用鼠标单击主菜单名以显示下拉菜单；单击选项以选取所需要执行的命令，或者按向下箭头键向下移动至所需要执行的命令，然后按 < Enter > 键。

（2）按 < Alt > 键并输入在菜单名称中带有下划线的字母，例如，要打开图形文件，按 < Alt > 键并按 < F > 键以打开"文件"菜单；然后按向下箭头键向下移动至"打开"，然后按 < Enter > 键以选择亮显的选项"打开"。

下拉菜单选项后有"…"表示选定该项后有对话框出现；"▶"表示该菜单还有子菜单项；无标记者表示该菜单可以直接执行。

1. 3. 3　工具栏

工具栏是调用命令的另一种方式，AutoCAD 2006 系统提供了 30 种工具栏。

工具栏包含启动命令的按钮。将鼠标移到工具栏按钮上面时，工具栏提示将显示按钮的名称。右下角带有小黑三角形的按钮具有包含相关命令的弹出图标。将光标置于按钮上面，按住拾取键直到出现弹出图标。

默认情况下，将在绘图区域的边缘显示 6 个工具栏。此工具栏与 Microsoft Office 程序中的工具栏类似。它是同一类常用的 AutoCAD 命令的集合。

1. 显示、固定工具栏和调整工具栏的大小

AutoCAD 最初显示以下几个工具栏：

● "标准" 工具栏

● "样式" 工具栏

● "图层" 工具栏

● "对象特性" 工具栏

● "绘图" 工具栏

● "修改" 工具栏

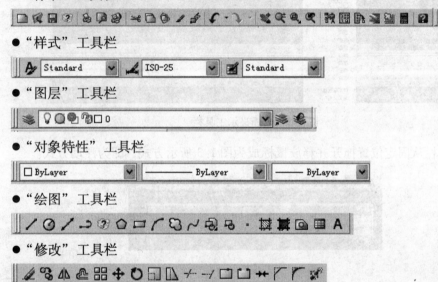

AutoCAD 可以显示或隐藏这 6 个工具栏和其他工具栏，用户也可以创建自己的工具栏。工具栏可以为浮动的或固定的。浮动工具栏定位在 AutoCAD 窗口的绘图区域的任意位置，可以将其拖到新位置、调整其大小或将其固定。固定工具栏附着在绘图区域的任意边上，工具栏被固定时，不能调整其大小。可以通过将固定工具栏拖到新的固定位置来移动它。

（1）显示工具栏的步骤：

1）在任意工具栏按钮上单击鼠标右键弹出快捷菜单。

2）在要显示的工具栏名称前勾选（见图 1-2）。

（2）固定工具栏的步骤：

1）将光标定位在工具栏的名称上或任意空白区，然后按下鼠标左键。

2）将工具栏拖到绘图区域的顶部、底部或两侧的固定位置。

3）当工具栏的轮廓出现在固定区域时，释放鼠标。

要将工具栏放置到固定区域中而不固定，可在拖动时按住 < Ctrl > 键。

（3）浮动工具栏的步骤：

1）将光标定位在工具栏结尾处的双条上，然后按住鼠标左键。

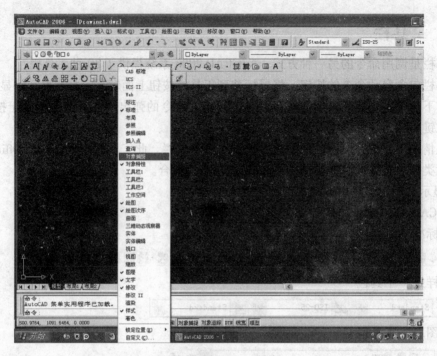

图 1-2　选择显示工具栏

2）将工具栏从固定位置拖开并释放鼠标成为图 1-3 所示方式，即为浮动方式。

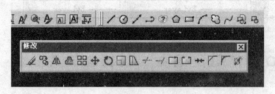

图 1-3　工具栏浮动方式

（4）调整工具栏大小的步骤：

1）将光标定位在浮动工具栏的边上，直到光标变成水平或垂直的双箭头为止。

2）按住鼠标左键拖动，直到工具栏变成需要的形状为止。

2. 关闭工具栏

（1）如果工具栏是固定的，使其浮动，单击工具栏右上角的"关闭"按钮。

或：

（2）在任意工具栏按钮上单击鼠标右键弹出快捷菜单，在要关闭的工具栏名称前去掉勾选。

3. 自定义工具栏

（1）建立新的工具栏：

1）从"视图"菜单中选择"工具栏"，出现如下对话框（见图 1-4）。

2）在"自定义"对话框"工具栏"选项处单击右键，出现菜单，选择新建—工具栏（图 1-5），会出现如图 1-6 所示对话框中新建工具栏名称，可在此状态下键入新建工具栏名称（默认为工具栏 1），如图 1-7 所示，单击"确定"可确认新工具栏名称。

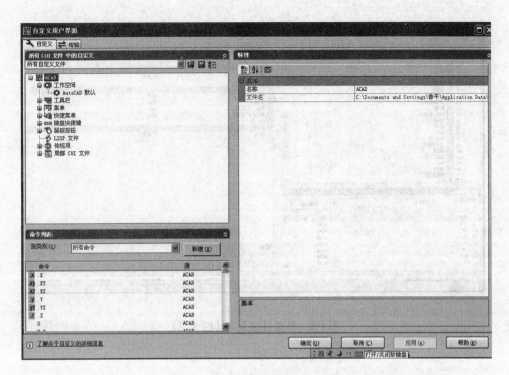

图 1-4 "自定义工具栏"对话框

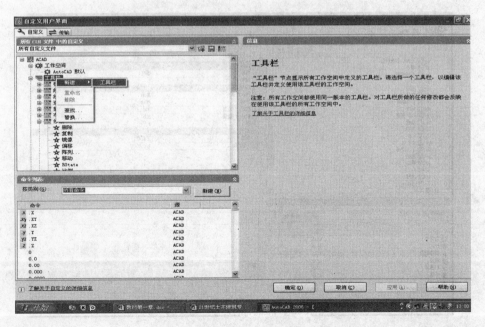

图 1-5 新建自定义工具栏(一)

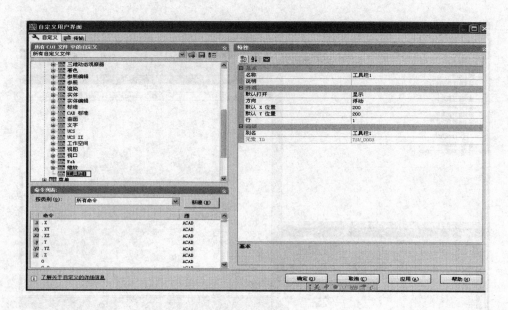

图1-6　新建自定义工具栏（二）

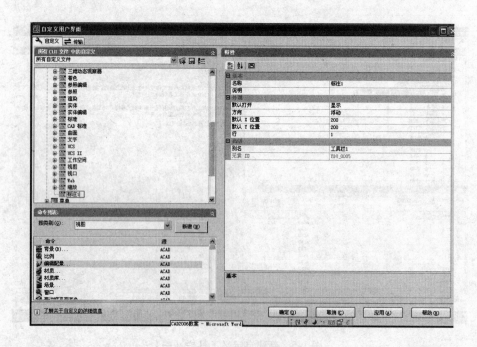

图1-7　自定义工具栏命名

3）选择"命令"菜单项，点取需要建立工具栏的类型（图 1-8），选取命令区的所需要命令的图标（图 1-9），按住鼠标左键拖动至新工具栏处（图 1-10）放开（图 1-11）依此类推，把需要的工具都添加到新工具栏内后点击确定关闭对话框，使用时按前述方法将其调出即可。

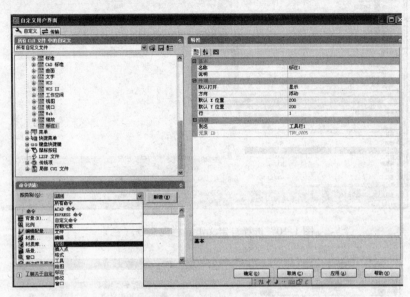

图 1-8　选择自定义工具栏内命令（一）

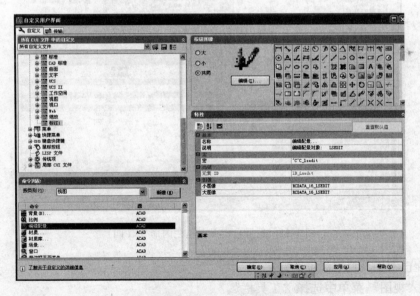

图 1-9　选择自定义工具栏内命令（二）

（2）改变已有工具栏中图标的相对位置：

1）从"视图"菜单中选择"工具栏"。

2）在"自定义"对话框"工具栏"选项状态下，按住鼠标左键将需要移位的图标拖动至需要的位置处放开。

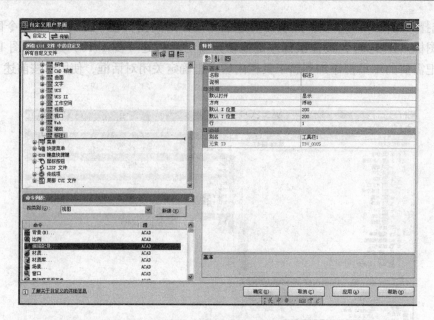

图 1-10　选择自定义工具栏内命令（三）

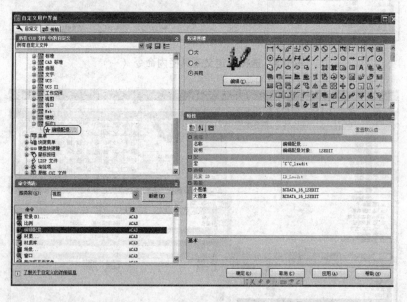

图 1-11　选择自定义工具栏内命令（四）

（3）在已有工具栏中添加图标：

1）从"视图"菜单中选择"工具栏"。

2）在"自定义"对话框"命令"选项状态下，选取命令区的所需要命令的图标，按住鼠标左键拖动至已有工具栏所需要的位置处放开。

1.3.4　绘图区

AutoCAD 软件窗口的最大区域为绘图区。绘图窗口用于显示、绘制图形，它是图形观察器，可以直观地观察到图形的绘制情况。此外，绘图窗口的下部还包括有一个模型选项卡和多个布局选项卡，分别用于显示图形的模型空间和图纸空间。

1.3.5 命令行

在绘图区的下方是命令行，默认为三行。它提供了调用命令的第三种方式，即用键盘直接输入命令。

AutoCAD 里所有的命令都可以在命令行里实现。在命令行中输入完整的命令名并按 < Enter > 或 < 空格 > 键，在激活命令时可以在命令行得到命令操作的提示及下一步需要进行的动作或需要输入的参数。

使用快捷键 < F2 > 可以打开或关闭命令行文本窗口，进行查阅和复制命令的历史记录及列表显示的对象特征（见图 1-12）。

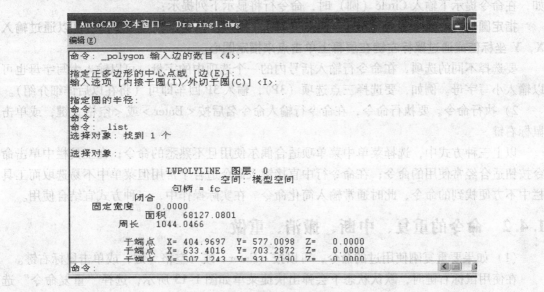

图 1-12 命令行文本窗口

某些命令还有简化命令。例如，除了输入 Circle 外，还可以输入 C 来启动画圆命令。

1.3.6 状态栏

状态栏位于绘图屏幕的底部，用于显示坐标、提示信息等，同时还提供了一系列的控制按钮（精确绘图辅助工具），包括"捕捉"、"栅格"、"正交"、"极轴"、"对象捕捉"、"对象追踪"、"线宽"和"模型/图纸"等。

（1）左侧的数字显示为当前光标处的坐标（当使用工具栏和菜单时，在没有执行命令时，显示当前命令的功能说明）。

（2）中间的一排按钮是辅助绘图工具：有正交、对象捕捉、动态输入等九个按钮，其功能及运用将在以后逐一介绍。

（3）右侧为状态栏托盘图标。

1.4 AutoCAD 2006 的命令操作

1.4.1 命令激活方式

（1）选择菜单中的菜单项。

（2）在工具栏单击相应的命令按钮：将鼠标放在命令图标上会显示该命令图标的名称，如 ，同时在状态栏会显示该命令的全拼及基本功能 。

（3）在命令行中直接键入命令：

1）指定命令选项。在命令行中输入命令时，AutoCAD 将显示一个选项集或对话框。例如，在命令提示下输入 Circle（圆）时，命令行将显示下列提示：

指定圆的圆心或 [三点（3P）/两点（2P）/相切、相切、半径（T）]：可以通过输入 X，Y 坐标值或通过鼠标左键在屏幕上单击点来指定圆心。

要选择不同的选项，在命令行输入括号内的一个选项中的字母，可以输入大写字母也可以输入小写字母。例如，要选择三点选项（3P），输入 3P 回车即可（将在以后详细介绍）。

2）执行命令。要执行命令，在命令行输入命令名后按 <Enter> 或 <空格> 键，或单击鼠标右键。

以上三种方式中，选择菜单中菜单项适合偶尔使用且不熟悉的命令；在工具栏中单击命令按钮适合经常使用的命令；在命令行中直接键入命令适合于常用但菜单中不易选取而工具栏中不方便找到的命令，此时通常输入简化命令。在实际操作中，三种方式宜结合使用。

1.4.2 命令的重复、中断、撤消、重做

（1）如果要重复刚使用过的命令，可以按 <Enter> 或 <空格> 键，或单击鼠标右键。

在使用鼠标右键时，默认状态下会弹出快捷菜单如图 1-13 所示，选择"重复命令"选项或选择"最近的输入"选项中所需要的命令即可。

如果需要取消该快捷菜单，可进行下列操作：

1）在"工具"的下拉菜单中，选择"选项"则出现如图 1-14 所示对话框。

2）在"用户系统配置"选项中的"绘图区域中使用快捷菜单"前去掉勾选。

3）点击"确定"按钮，设置完成。

上述操作完成后，点击鼠标右键与按 <Enter> 键功能相同。

（2）要中断进行中的命令，按 <Esc> 键。

（3）要撤消最近已执行的命令可采用以下几种方法：

1）在"编辑"的下拉菜单中，选择"放弃"选项。

2）在标准工具栏中点击命令图标 。

3）在命令行中键入命令"Undo"（简化命令 U），并按 <Enter> 键或点击鼠标右键确认。

4）快捷键：<Ctrl> + Z

（4）要恢复最后一次撤消的操作可采用以下几种方法：

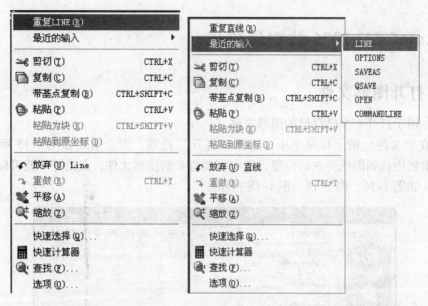

图 1-13　鼠标右键弹出快捷菜单

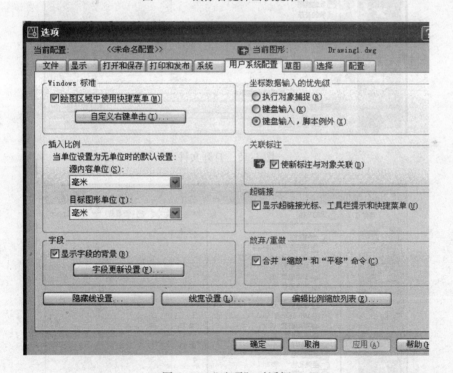

图 1-14　"选项"对话框

1）在"编辑"的下拉菜单中，选择"重做"选项。

2）在标准工具栏中点击命令图标 。

3）在命令行中键入命令"Redo"（简化命令 R），并按 < Enter > 键或点击鼠标右键确认。

4）快捷键：< Ctrl > + Y

1.5 AutoCAD 2006 的文件操作

1.5.1 打开图形文件

该命令用于打开一个已存储的图形文件。

（1）在"文件"的下拉菜单中，选择"打开"选项，则会出现如图 1-15 所示的对话框。在搜索框中找到图纸所在的位置，选中需要打开的图形文件，点击打开就可以打开所需要的图纸，如图 1-16、图 1-17、图 1-18 所示。

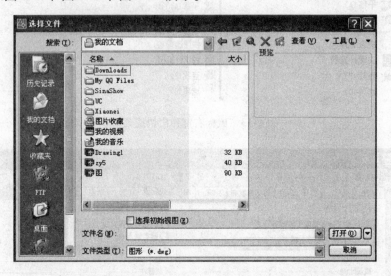

图 1-15　打开文件

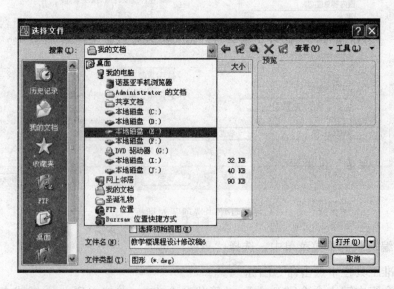

图 1-16　选中某个文件（图形）

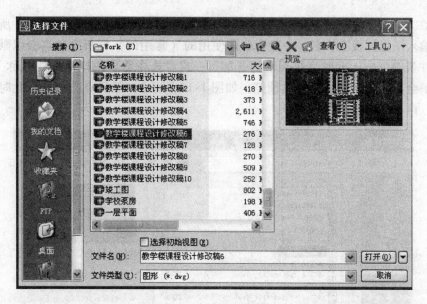

图 1-17 打开文件（图形）

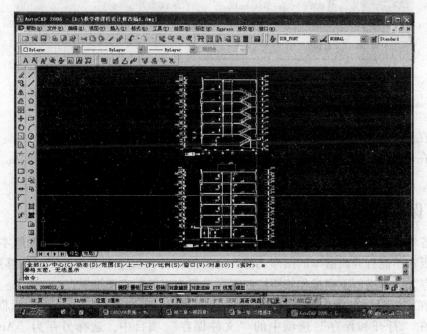

图 1-18 已打开的文件（图形）

（2）在标准工具栏中点击"打开"命令图标 。其余操作同上。

（3）在命令行中键入命令"Open"，并按 < Enter > 键或点击鼠标右键确认。其余操作同上。

1.5.2 新建文件

该命令用于建立一个新的图形文件。

（1）在"文件"的下拉菜单中，选择"新建"选项，则会出现如图 1-19 所示的对话框，要求输入图形样板文件名。一般上张图使用的（常用的）样板文件名会以默认的形式出现在文件名的框中，此时直接点击打开即可；或者选择需要的样板形式名称（选择时，在预览框中会有所选样板的样式供预览，如图 1-19 所示），然后点击打开。此时出现新的绘图界面，可以进行新图的绘制。

图 1-19　选择新图样板

（2）在标准工具栏中点击"新建"命令图标 ⬜。其余操作同上。

（3）在命令行中键入命令"New"，并按 < Enter > 键或点击鼠标右键确认。其余操作同上。

1.5.3　保存图形文件

由于各单位使用的 AutoCAD 版本不一，AutoCAD 软件高版本可以打开低版本的图形文件，而低版本不能打开高版本的图形文件，为了使在各种版本下绘制的图形能够兼容使用，建议在保存文件前进行下列操作将所绘制图形设置为以低版本图形保存：

（1）在"工具"的下拉菜单中，选择"选项"则出现如图 1-20 所示的对话框。

（2）在"打开和保存"选项中的"文件保存"项目中，选择另存为"AutoCAD/LT 2000（ *. dwg）。

（3）点击"确定"按钮，设置完成，然后进行保存操作。

1）存盘：该命令用于将当前绘制的图形文件进行保存以便日后使用。

绘制图形时应该经常保存文件。保存操作可以在出现电源故障或发生其他意外事件时防止图形及数据丢失。

① 在"文件"的下拉菜单中，选择"保存"选项。如果该图形为新建图形则会出现如图 1-21 所示的对话框。在"保存于"栏目下输入存盘的路径，在"文件名"栏目下输入图形名称（后缀为". dwg"）。点击保存按钮，图形以该文件名保存在此位置。

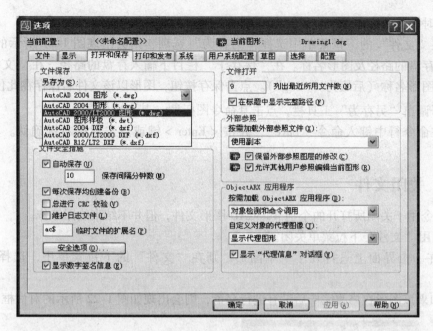

图 1-20 将绘制图形设置为低版本图形

图 1-21 保存新绘制的图形或赋名存盘

如果该图形为命名过的图形则会以原有名称及路径直接保存。

② 在标准工具栏中点击"保存"命令图标 🖫。其余操作同上。

③ 在命令行中键入命令"Qsave",并按 < Enter > 键或点击鼠标右键确认。其余操作同上。

2）赋名存盘：该命令用于将当前绘制的图形文件以另外一个名称进行保存以便日后使用。

当所保存的图形是在原有图形基础上进行改动，而原有图形文件还需要继续使用，不希望被覆盖时，使用该命令。

① 在"文件"的下拉菜单中选择"另存为"选项，则会出现图 1-21 所示的对话框。要求输入存盘的路径及图形名称。在"保存于"栏目下输入存盘的路径，在"文件名"栏目下输入图形名称（后缀为".dwg"）。点击保存按钮，图形以该文件名保存在此位置。

② 可调出"另存为"工具栏，点击其命令图标 。其余操作同上。

③ 在命令行中键入命令"Save"，并按 < Enter > 键或点击鼠标右键确认。其余操作同上。

1.5.4 关闭文件

该命令用于关闭所打开的个别 AutoCAD 图形文件，但并不结束绘图工作。

（1）用"文件"下拉菜单关闭。

1）在一个界面上只打开了一个图形，则在"文件"的下拉菜单中，选择"关闭"选项。

① 如果该图形在修改完毕后没有进行存盘，则会出现如图 1-22 所示的对话框。

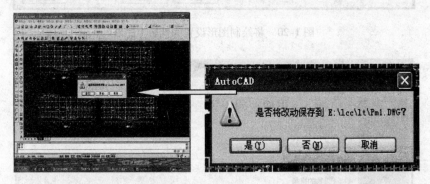

图 1-22　关闭 AutoCAD 图形

② 若需要存盘点击"是"按钮，不需要存盘点击"否"按钮，关闭该文件；不关闭该图形点击"取消"按钮，回到当前图形文件界面。

③ 如果该图形在修改完毕后已进行存盘，则直接关闭该张图，但并未退出 AutoCAD 绘图系统（见图 1-23），此时可按前述方法打开任意一个绘图文件进行其他图形的编辑修改工作。

2）在一个界面上打开了多个图形，则将所要关闭的图形置于当前，然后在"文件"的下拉菜单中，选择"关闭"选项。

① 如果该图形在修改完毕后没有进行存盘，则会出现如图 1-22 所示的对话框。

② 若需要存盘点击"是"按钮，不需要存盘点击"否"按钮，关闭该文件；不关闭该图形点击"取消"按钮，回到当前图形文件界面。

③ 如果该图形在修改完毕后已进行存盘，则直接关闭该张图，但并未退出 AutoCAD 绘图系统，其他图形被置于当前（见图 1-24），此时可按前述打开文件的方法打开任意一个绘图文件进行其他图形的编辑修改工作，或者继续进行已打开的其他图形的编辑修改工作。

图 1-23   关闭图形但不退出 AutoCAD

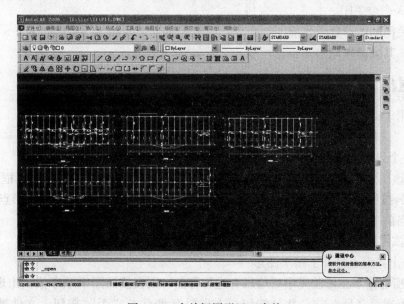

图 1-24   未关闭图形置于当前

（2）点击界面图标关闭。

1）在一个界面上只打开了一个图形，点击界面右上角与标准工具栏位置平行的灰色"关闭"命令图标✕。其余操作同上。

2）在一个界面上打开了多个图形，则将所要关闭的图形置于当前，然后点击界面右上角与标准工具栏位置平行的灰色"关闭"命令图标✕；或者将所打开图形多窗口显示（见

图 1-25），然后点击要关闭图形右上角红色"关闭"命令图标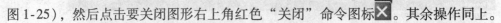。其余操作同上。

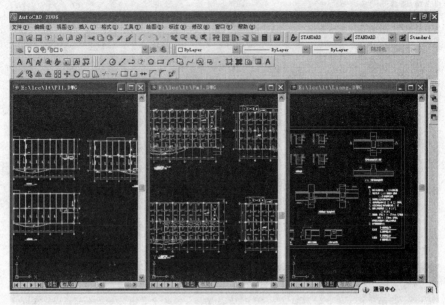

图 1-25　多窗口显示图形

（3）键入命令关闭。

将所要关闭的图形置于当前，在命令行中键入命令"close"，并按 < Enter > 键或点击鼠标右键确认。其余操作同上。

1.5.5　退出

该命令用于退出 AutoCAD，结束绘图工作。

（1）在"文件"的下拉菜单中，选择"退出"选项。

1）在一个界面上只打开了一个图形：

① 如果该图形在修改完毕后没有进行存盘，则会出现如图 1-22 所示对话框。若需要存盘点击"是"按钮，不需要存盘点击"否"按钮，退出 CAD；不关闭该图形点击"取消"按钮，回到当前图形文件界面。

② 如果该图形在修改完毕后已进行存盘，则直接退出 CAD。

2）在一个界面上打开了多个图形：

① 如果所有图形在修改完毕后均没有进行存盘，则会按照图纸顺序依次出现图 1-22 所示对话框。若需要存盘点击"是"按钮，不需要存盘点击"否"按钮，文件被依次关闭，最后退出 CAD；不关闭当前图形点击"取消"按钮，回到当前图形文件界面，其余各图均不被关闭，该命令中止。

② 如果所有图形在修改完毕后已进行存盘，则直接退出 CAD。

（2）点击界面右上角与标题栏位置平行的红色"关闭"命令图标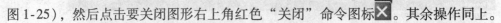。其余操作同上。

（3）在命令行中键入命令"Exit"，并按 < Enter > 键或点击鼠标右键确认。其余操作同上。

1.6　AutoCAD 2006 常用快捷键及帮助系统

1.6.1　常用快捷键

AutoCAD 2006 中设置了许多可以快速实现某些常用功能的快捷键，使用它们可以简化操作，加快绘图速度。

< F1 >：启动 AutoCAD 2006 帮助功能。

< F2 >：打开和关闭 AutoCAD 2006 的命令行文本窗口。

< F3 >：打开和关闭 AutoCAD 2006 的"对象捕捉"功能。

< F6 >：打开和关闭坐标显示。

< F7 >：打开和关闭"栅格"显示。

< F8 >：打开和关闭"正交"功能。

< F9 >：打开和关闭"捕捉"功能。

< F10 >：打开和关闭"极轴"功能。

< F11 >：打开和关闭"对象追踪"功能。

< F12 >：打开和关闭"动态输入"（DYN）功能。

1.6.2　帮助系统

AutoCAD 2006 的帮助系统可以在我们今后的学习和使用过程中，遇到困难和问题时提供有效的帮助。可以通过以下几种方法激活帮助系统：

（1）在"帮助"的下拉菜单中，选择"帮助"选项（见图 1-26），则会出现如图 1-27所示的帮助窗口。帮助窗口共有三个选项卡：

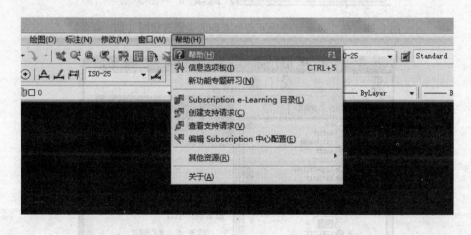

图 1-26　帮助菜单下的"帮助"选项激活帮助系统

1）"目录"选项卡。用户可根据需要帮助的内容，按照类别在目录的树状结构图中查找相关的帮助并选取，则在窗口右侧栏里显示相关帮助信息（见图 1-28、图 1-29）。

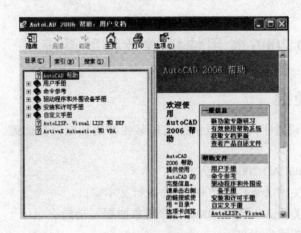

图 1-27　帮助窗口

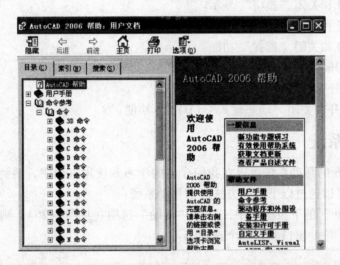

图 1-28　在"目录"中展开需要查询的类别树状图（如：命令）

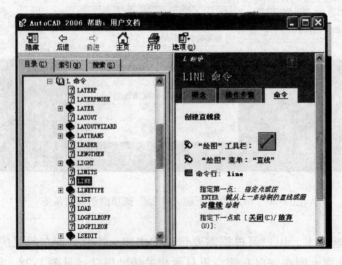

图 1-29　查找需要帮助的命令并选取（如：以字母 L 打头的命令 Line）

2）"索引"选项卡：

① 用户可根据需要帮助的内容，在关键字栏里输入要查找内容的关键字或词，然后在下面出现的有关内容中选择所需要帮助的具体内容（见图1-30）。

② 点击"显示"按钮，则出现如图1-31所示对话框，选择所需要帮助的选项，点击"显示"按钮，则在窗口右侧栏里显示相关帮助信息（见图1-32）。

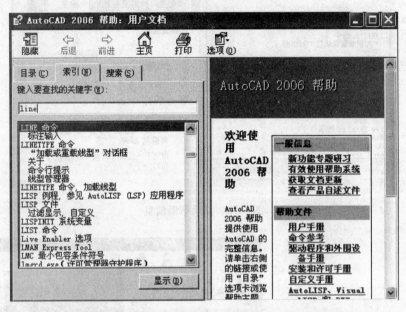

图 1-30　输入需要帮助的命令并选取（如：命令 Line）

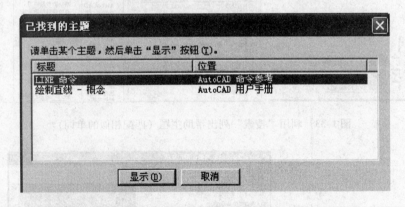

图 1-31　选择需要的选项（如：命令 Line 的命令参考）

3）"搜索"选项卡：

① 可根据需要帮助的内容，在要查找的单词栏里输入要查找内容的有关词，如选择"匹配相似的单词"复选项，然后点击"列出主题"按钮，则以如图1-33所示形式列出主题；如选择"仅搜索标题"复选项，然后点击"列出主题"按钮，则以如图1-34所示形式列出标题。

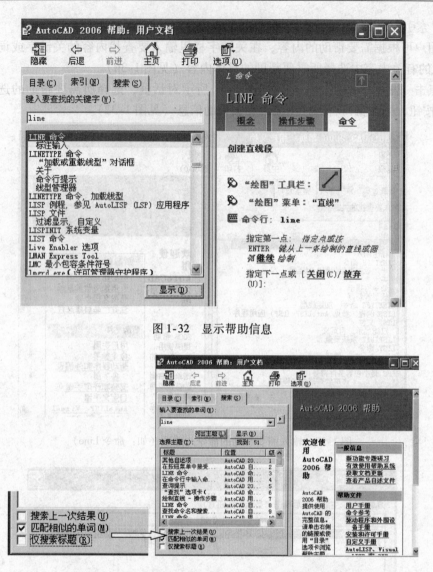

图 1-32　显示帮助信息

图 1-33　利用"搜索"列出帮助主题（匹配相似的单词）

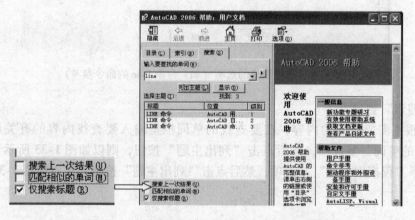

图 1-34　利用"搜索"列出帮助主题（仅搜索标题）

② 在下面出现的有关内容中选择所需要帮助的具体内容点击"显示"按钮，则在窗口右侧栏里显示相关帮助信息（见图1-35）。

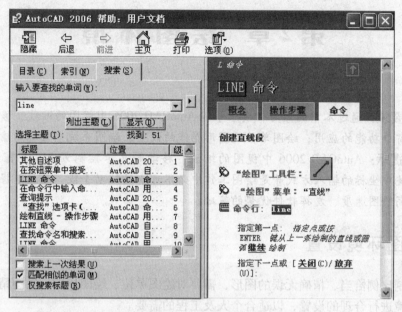

图 1-35 显示帮助信息

（2）在标准工具栏中点击"帮助"命令图标 ❓。其余操作同上。

（3）在命令行中键入命令"Help"，并按 < Enter > 键或点击鼠标右键确认。其余操作同上。

（4）按快捷键 < F1 >。

第2章 绘图环境

❋ **学习要求**：通过本章的学习，要求掌握 AutoCAD 2006 中视图的缩放、移动等显示控制方式；多窗口功能的应用；绘图单位及图形界线的设置；绘图系统中坐标的输入方式。

❋ **学习提示**：AutoCAD 2006 中视图的缩放、移动等显示控制方式，多窗口功能的应用，绘图系统中坐标的输入方式等是绘图工作中必不可少的辅助手段，熟悉掌握及有效合理地使用是提高绘图速度、发挥软件优势的基础。

2.1　绘图环境设置

为了绘制比例恰当、精确无误的图形，需要对绘图单位、绘图比例、绘图精度、绘图界限等绘图环境进行合理的设置，以适合个人及工程的需要。

1. 绘图单位设置

启动 AutoCAD 2006，此时将自动创建一个新文件，打开"格式"菜单，选择"单位"命令，系统将打开"图形单位"对话框（见图 2-1）。根据所需要的精度选择"精度"选项中小数点后的位数。建筑图中一般保留整数，则该项选择"0"（见图 2-2）。其他选项一般默认值适合需要可不作改动（如有特殊要求可根据需要进行选择）。设置完成后，点击"确定"按钮，结束设置。

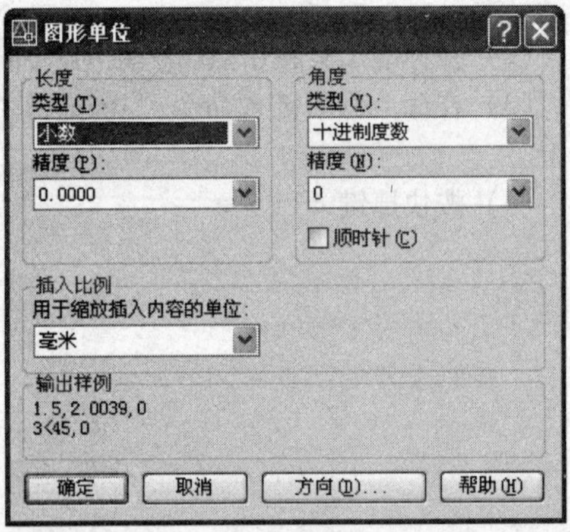

2. 图形界限设置

图形界限是 AutoCAD 绘图空间中的一个假想的矩形绘图区域，相当于选择的图纸大小。

图 2-1　"图形单位"对话框

图形界限确定了栅格和缩放的显示区域。设置绘图单位后，打开"格式"菜单，选择"图形界限"命令。命令行将提示"指定左下角点，或选择开、关"。其中"开"表示打开图形界限检查。当界限检查打开时，AutoCAD 将会拒绝输入位于图形界限外部的点。但是注意，因为界限检查只检测输入点，所以对象的某些部分可能延伸出界限之外；"关"表示关闭图形界限检查，可以在界限之外绘图，这是缺省设置；"指定左下角点"表示给出界限左下角坐标值或用鼠标左键直接在屏幕上给出左下角点。给出左下角点后，命令行将提示："指定右上角点"表示给出界限右上角坐标值或用鼠标左键直接在屏幕上给出右上角点，给出右上角点后界限设置完毕。通常情况下会以绘图所需图纸的尺寸大小按照坐标的方式给出图形界限。

图2-2 选择图形精度

2.2 图形的显示控制方法

为了绘制复杂的图形，经常需要在计算机屏幕上移动图形以观察图形的不同部分或放大图形的局部进行观察，来完成图形的绘制、修改、编辑工作使之更加完善。

在 AutoCAD 中，图形在屏幕上的显示可以根据需要进行放大、缩小或移动，用户可以通过显示控制命令控制图形在显示器中的显示。

2.2.1 视图缩放

按照一定的比例、观察位置和角度显示图形称为视图。根据设计的需要，改变视图比例的常用方法之一是放大或缩小绘图区中的图形，以便局部详细或整体观察图形。AutoCAD中的缩放命令可达到这样的目的，它的功能如同照相机的可变焦镜头，能够放大或缩小当前视口中观察对象的视觉尺寸，而其实际尺寸并不改变。

（1）在"视图"的下拉菜单中，根据需要选择"缩放"选项下拉菜单中的任意项目（见图2-3）。

1）如果需要图形根据图面的具体情况动态显示，则选择"实时"，在绘图区会出现实时缩放标记，根据需要按住鼠标左键拖动（向上拖动放大，向下拖动缩小）；如果鼠标带有滚轮则不用激活命令，直接滚动滚轮即可得到此选项的效果（常用）；如果未取消鼠标右键快捷菜单，则点击鼠标右键，弹出快捷菜单，选择"缩放"。

2）如果需要图形按上一个视窗显示，则选择"上一个"，则图形显示上一个视窗。

3）如果需要图形按某个范围显示，则选择"窗口"（常用），则：

① 在命令行会出现提示，要求指定第一个角点，单击鼠标左键给出需要显示范围的一个边界点；

② 在命令行会出现提示，要求指定对角点，单击鼠标左键给出需要显示范围的另一个边界点，这两个边界点为矩形的两对角点，此矩形围成的范围是需要显示的范围。

4）如果需要图形按整个图形所在范围显示，则选择"范围"；如果鼠标带有滚轮则不

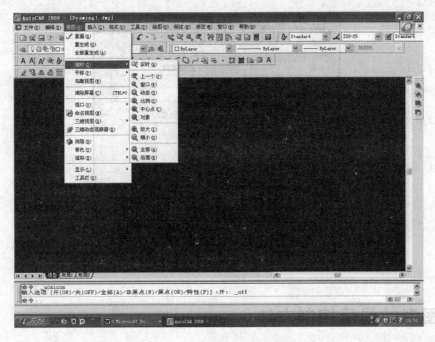

图 2-3　菜单激活视图"缩放"

用激活命令,直接双击滚轮即可得到此选项的效果(常用)。

5)如果需要图形按整个图形及界限范围显示,则选择
"全部"。

6)如果只需要图形比目前的图形放大一倍或缩小一半,则
选择"放大"或"缩小"。

7)如果需要将某个对象放大或缩小至整屏幕观察,则选择
"对象"。

8)如果需要以某个对象为中心按照一定的高度放大或缩
小,则选择"中心点":

① 在命令行会出现提示,要求"指定中心点",单击鼠标左
键给出需要显示范围的一个中心点;

② 在命令行会出现提示,要求"输入比例或高度"(后面
括号中数字为目前显示范围高度)。此时,在命令行输入需要显

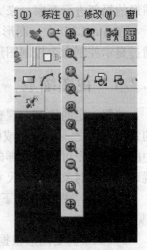

图 2-4　标准工具栏
视图"缩放"

示范围的高度,则会以给出的中心点为中心,以所给高度的范围
显示图形。或单击鼠标左键直接在屏幕上给出需要显示范围的距离。在任意点单击鼠标左
键,在命令行会出现提示,要求"指定第二点",按照需要显示的高度距离第一点单击鼠标
左键给出第二点,则会以给出的中心点为中心,以所给距离为高度的范围显示图形。

9)如果需要以现有图形中心点为中心按照一定的比例放大或缩小,则选择"比例"。

10)如果需要以现有图形的动态范围显示图形,则选择"动态"。

(2)在标准工具栏中点击相应选项命令图标如图 2-4 所示(常用)。其余操作同上。

图 2-4 中图标所代表命令为,"实时" ；"上一个" ；"窗口" ；"范围" ；

"全部" 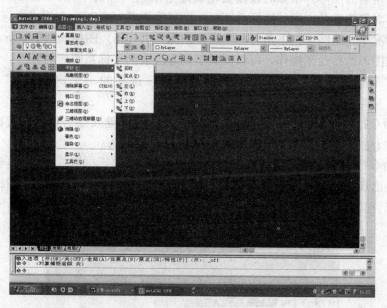；"放大" ；"缩小" ；"对象" ；"中心点" ；"比例" ；"动态" 。

（3）在命令行中键人命令"Zoom"（简化命令为 Z），并按 < Enter > 键或点击鼠标右键确认。在命令行会出现提示："指定窗口角点，输入比例因子（nX 或 nXP），或［各种选项］"。根据需要在命令行键人相应选项后面括号里的字母并按 < Enter > 键或点击鼠标右键确认。其余操作同上。

2.2.2　视图平移

该命令用于在屏幕上移动观察不同位置的图形。使用 Pan 命令或窗口滚动条可以移动视图的位置。像使用照相机进行平移一样，Pan 不会改变图形中对象的位置或比例，只改变视图。

（1）在"视图"的下拉菜单中，根据需要选择"平移"选项下拉菜单中的任意项目（见图 2-5）。

图 2-5　菜单激活视图"平移"

1）如果需要图形根据图面的具体情况动态显示，则选择"实时"，此时在绘图区光标会变成小手状实时平移标记，根据需要按住鼠标左键拖动；如果鼠标带有滚轮则不用激活命令，直接按住滚轮拖动即可（常用）；如果未取消鼠标右键快捷菜单，则点击鼠标右键，弹出快捷菜单，选择"平移"。

2）如果需要图形按固定的位置移动显示，则选择"定点"。

① 在命令行会出现提示，要求"指定基点"，单击鼠标左键或输入坐标给出需要移动显示的第一个点；

② 在命令行会出现提示，要求"指定第二点"，单击鼠标左键或输入坐标给出根据移动相对关系确定的第二个点。

3）如果需要图形向上移动显示，则选择"上"，如果需要图形向下移动显示，则选择"下"。

4）如果需要图形向左移动显示，则选择"左"，如果需要图形向右移动显示，则选择"右"。

（2）在工具栏中点击"实时平移"命令图标。其余操作同上。

（3）在命令行中键入命令"Pan"（简化命令为 P），并按＜Enter＞键或点击鼠标右键确认。其余操作同上。

（4）使用窗口滚动条 移动图形。

2.3　AutoCAD 2006 绘图系统中的坐标输入方式

为了绘制精确的图形，很多时候需要精确地给出输入点的坐标，AutoCAD 2006 提供了精确确定图形对象位置及方向的坐标系统——世界坐标系（WCS）和用户坐标系（UCS）。

在默认情况下，绘图区左下角有一个用户坐标系（UCS）图标如图 2-6 所示。在绘图时有可能会遮挡图形妨碍绘图操作，可以按照下列方法取消坐标系图标的显示：

（1）在"视图"的下拉菜单中，选择"显示"选项的→"UCS 图标"→取消"开（O）"勾选（见图 2-7）。

（2）在命令行中键入命令"Ucsicon"，并按＜Enter＞键或点击鼠标右键确认，然后选择选项"关"（输入 off）按＜Enter＞键或点击鼠标右键确认。

（3）在命令行中键入命令"Ucsman"（简化命令为 UC），并按＜Enter＞键或点击鼠标右键确认，会出现如图 2-8 所示的对话框，在"设置"选项中，将"UCS 图标设置"项目的"开（O）"前勾选去掉。

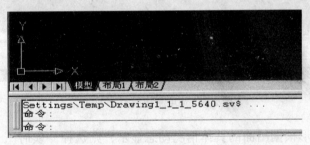

图 2-6　用户坐标系（UCS）图标

在命令提示输入点时，可以使用鼠标指定点，也可以在命令行中输入坐标值。

1. 笛卡儿坐标系

笛卡儿坐标系有三个轴，即 X、Y 和 Z 轴。输入坐标值时，需要指示沿 X、Y 和 Z 轴相对于坐标系原点（0，0，0）的距离（以单位表示）及其方向（正或负）。在二维空间中，在 XY 平面（也称为构造平面）上指定点时，构造平面与平铺的网格纸相似，笛卡儿坐标的 x 值指定水平距离，y 值指定垂直距离。原点（0，0）表示两轴相交的位置（见图 2-9）。

本节只介绍二维空间中的坐标输入方法，平面上任何一点 P 都可以由 X 轴和 Y 轴的坐

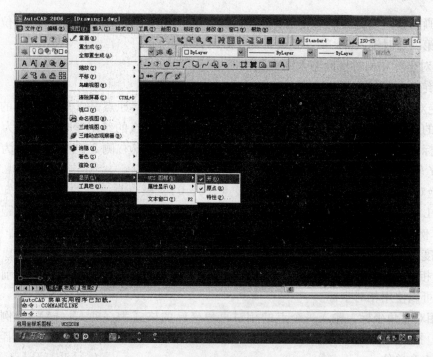

图 2-7 菜单操作关闭用户坐标系（UCS）图标

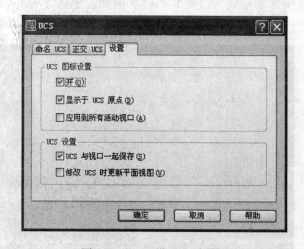

图 2-8 "UCS 设置"对话框

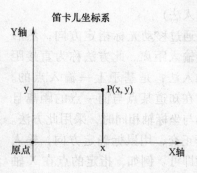

图 2-9 笛卡儿坐标系

标所定义，即用一对坐标值（x，y）来定义一个点。

例如画一条直线，其第一点位于距离 X 轴原点右侧 2 个单位和距离 Y 轴原点下侧 4 个单位的位置，则在提示输入第一点时键入 2（左为负右为正），-4（上为正下为负）。

2. 极坐标系

极坐标系是由一个极点和一个极轴构成（见图 2-10），极轴的方向为水平向右。极坐标使用距离和角度定位点，极坐标表示方法为"距离 < 角度"。

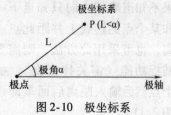

图 2-10 极坐标系

例如画一条直线，其第一点位于距离原点 2 个单位并与 X 轴的夹角为 30°的位置，则在提示输入第一点时键入 2 < 30（逆时针为正顺时针为负）。

3. 绝对坐标和相对坐标输入法

（1）绝对坐标输入法：

1）绝对直角坐标。绝对直角坐标值基于原点（0，0），原点是 X 轴和 Y 轴的交点。已知一个点的坐标的 x 和 y 值时，使用绝对坐标，输入一个点的绝对坐标的格式为（x，y）。例如，坐标（3，4）指定一点，此点在 X 轴方向距离原点右侧 3 个单位（右为正，左为负），在 Y 轴方向距离原点上侧 4 个单位（上为正，下为负）。

2）绝对极坐标。绝对极坐标值基于极点（0，0），极点是极轴的原点。已知一个点的极坐标的 L 和 α 值时，使用绝对极坐标，输入一个点的绝对极坐标的格式为：距离 < 角度（L < α）。例如，"100 < 45"表示距极点右侧的距离为 100 个图形单位（右为正，左为负），与极轴角度为逆时针方向 45°处的一点（逆时针方向为正，顺时针方向为负）。

（2）相对坐标输入法。相对坐标值是基于上一输入点的。如果知道某点与前一点的位置关系，可以使用相对坐标。

1）相对直角坐标。输入一个点的相对直角坐标的格式为（@ΔX，ΔY）。例如，坐标（@3，4）指定的点在 X 轴方向上距离上一指定点右侧 3 个单位，在 Y 轴方向上距离上一指定点上方 4 个单位。

2）相对极坐标。输入一个点的极坐标的格式为（@L < α）。例如，坐标（@3 < 30）指定的点距离上一指定点右侧 3 个单位，相对于 X 轴方向角度为逆时针 30°。

4. 长度和方向输入法（直接距离输入法）

通过移动光标指定方向，然后直接输入距离。此方法称为直接距离输入法，是基于上一输入点的。通常在知道某点与前一点的距离且方向与坐标轴相同时，采用此方法。打开正交，用鼠标确定方向，输入长度即可。例如，指定的点在 X 轴方向上距离上一指定点右侧 3 个单位，在 Y 轴方向上与上一指定点的坐标相同，则可以打开正交，用鼠标指向右侧，在命令行输入"3"回车或点击鼠标右键确认即可。如果不知道确切方向只知道下一点在和某个点的连线上并距此点一定距离，也可采用此方法，则需要打开捕捉功能（需关掉正交），捕捉某个点然后输入距离后回车即可（见图 2-11）。

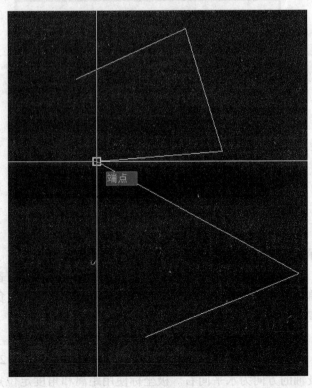

图 2-11　距离输入法

第 3 章 基本绘图命令

❋ **学习要求**：通过本章的学习，要求掌握各种常用绘图命令的功能和操作方法。
❋ **学习提示**：熟悉 AutoCAD 绘图命令是正确、有效地使用绘图命令绘图的前提。

3.1 直线命令（Line）

该命令可以绘制一系列连续的线段和直线；可以单独编辑一系列线段中的所有单个线段而不影响其他线段；可以闭合一系列线段，将第一条线段和最后一条线段连接起来。

（1）在"绘图"的下拉菜单中，选择"直线"选项（见图 3-1a）。

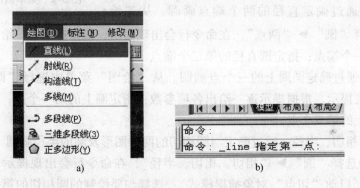

图 3-1 菜单激活"直线"命令

1）在命令行会出现提示，要求"指定第一点"（见图 3-1b），单击鼠标左键或输入坐标指定直线的第一点，则命令行出现提示，要求"指定下一点"。

2）单击鼠标左键或输入坐标指定第二点（指定的两个点为直线的两个端点），则命令行出现提示，继续要求"指定下一点"。

3）重复上述操作直到不需要继续绘制直线为止，则在命令行出现提示，继续要求"指定下一点"时，回车或单击鼠标右键退出。

要使各线段形成闭合图形，则在命令行出现提示，要求"指定下一点"时，选择闭合选项，在命令行键入 C，回车或单击鼠标右键确认。

要以最近绘制的直线的端点为起点绘制新的直线，需要再次启动 Line 命令，然后在"指定起点"提示下回车或单击鼠标右键。

（2）在绘图工具栏中点击"直线"命令图标　。其余操作同上。

（3）在命令行中键入命令"Line"（简化命令为 L），并按 < Enter > 键或单击鼠标右键确认。其余操作同上。

3.2　圆命令（Circle）

可以使用多种方法绘制圆。默认方法是指定圆心和半径。

（1）在"绘图"的下拉菜单中，"圆"的选项下，按照不同的已知条件有 6 种绘制圆的方法可供选择（见图 3-2）。

1）圆心和半径：通过确定圆心和半径画圆。从"绘图"菜单中选择"圆"▶"圆心、半径"，在命令行会出现提示，根据提示逐一给出各项参数：指定圆心；指定半径。

2）圆心和直径（D）：通过确定圆心和直径画圆。从"绘图"菜单中选择"圆"▶"圆心、直径"，在命令行会出现提示，根据提示逐一给出各项参数：指定圆心；指定直径。

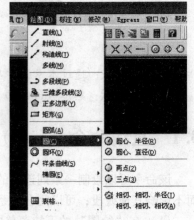

图 3-2　菜单激活"圆"命令

3）两点：通过确定直径的两个端点画圆。从"绘图"菜单中选择"圆"▶"两点"，在命令行会出现提示，根据提示逐一给出各项参数：指定圆直径的第一个端点；指定圆直径的第二个端点。

4）三点：通过确定圆周上的三个点画圆。从"绘图"菜单中选择"圆"▶"三点"，在命令行会出现提示，根据提示逐一给出各项参数：指定圆上的第一个点；指定圆上的第二个点；指定圆上的第三个点。

5）相切、相切、半径：通过确定与圆相切的两个图形及圆的半径画圆（见图 3-3）。从"绘图"菜单中选择"圆"▶"相切、相切、半径"，在命令行会出现提示，根据提示逐一给出各项参数（启动"切点"对象捕捉模式）：选择与要绘制的圆相切的第一个对象；选择与要绘制的圆相切的第二个对象；指定圆的半径。

6）相切、相切、相切：通过确定与圆相切的三个图形画圆（见图 3-4）。从"绘图"菜单中选择"圆"▶"相切、相切、相切"，在命令行会出现提示，根据提示逐一给出各项参数：3P 指定圆上的第一个点 tan 到；指定圆上的第二个点 tan 到；指定圆上的第三个点 tan 到。

图 3-4 中的直线 A、B 和圆 C 是在三切点画圆之前已经绘制的三个实体。

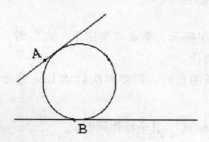

图 3-3　相切、相切、半径画圆

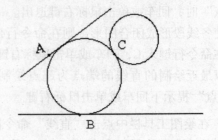

图 3-4　相切、相切、相切画圆

（2）在绘图工具栏中点击"圆"命令图标。根据命令行提示进行选择，选择时键入选项后字母并回车或单击鼠标右键确认，然后输入相应参数回车或单击鼠标右键即可。

（3）在命令行中键入命令"Circle"（简化命令为 C）如图 3-5 所示，并按 < Enter > 键或单击鼠标右键确认。其余操作同上。

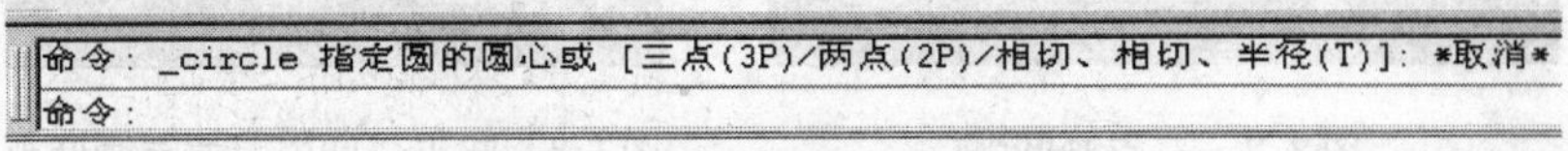

命令：_circle 指定圆的圆心或 [三点(3P)/两点(2P)/相切、相切、半径(T)]：*取消*
命令：

图 3-5　用"Circle"命令画圆

3.3　圆弧命令（Arc）

可以使用多种方法绘制圆弧。除下述第一种方法外，其他方法都是从起点到端点逆时针绘制圆弧。

（1）在"绘图"的下拉菜单中，"圆弧"的选项下，按照不同的已知条件有 10 种绘制方法（见图 3-6）。

1）三点。从"绘图"菜单中选择"圆弧"▶"三个点"，在命令行会出现提示，根据提示逐一给出各点（见图 3-7）：指定起点 A；在圆弧上指定点 B；指定端点 C。

2）起点、圆心、端点。从"绘图"菜单中选择"圆弧"▶"起点、圆心、端点"，在命令行会出现提示，根据提示逐一给出各点（见图 3-8）：指定起点 A；指定圆心 B；指定端点 C。

3）继续。从"绘图"菜单中选择"圆弧"▶"继续"，可绘制与上一个圆弧端点相切的圆弧。

执行"继续"命令，此时命令行提示"指定相切圆弧的第二个端点"。则新绘圆弧与前一个圆弧或直线终点连接并相切。

其他方法这里不再讲解，在进行选项时，角度选项是指圆弧所对应的圆心角，长度（弦长）选项是指圆弧所对应的弦长，选择时键入选项后字母并回车或单击鼠标

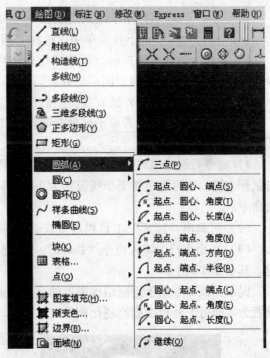

图 3-6　菜单激活"圆弧"命令

右键确认，然后输入相应参数回车或单击鼠标右键即可。

（2）在绘图工具栏中点击"圆弧"命令图标，根据命令行提示选择需要选项。其余操作同上。

（3）在命令行中键入命令"Arc"（简化命令为 A）如图 3-9 所示，并按 < Enter > 键或单击鼠标右键。

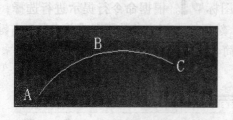

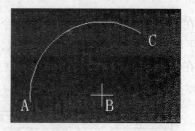

图 3-7　三点画圆弧　　　　　　图 3-8　起点、圆心、端点画圆弧

图 3-9　用"Arc"命令画圆

3.4　圆环命令（Donut）

圆环命令（Donut）用于绘制用颜色填充的圆环或实心圆。

（1）在"绘图"的下拉菜单中，选择"圆环"选项。

1）在命令行会出现提示，要求"指定圆环的内径"，输入所绘圆环的内圆直径，则命令行出现提示，要求"指定圆环的外径"。

2）输入所绘圆环的外圆直径，则命令行出现提示，要求"指定圆环的中心点"。

3）用坐标的方式或者单击鼠标左键直接点取需要绘制圆环的位置，则在该处绘制一个圆环（见图 3-10）。

4）命令行继续出现提示，要求"指定圆环的中心点"，可连续在需要画圆环的位置单击鼠标左键，则可画出若干个所设定大小的圆环，直到不需要为止，回车或单击鼠标右键结束命令。

（2）可调出"圆环"工具栏点击其命令图标◎。其余操作同上。

（3）在命令行中键入命令"Donut"（简化命令为 DO），并按 < Enter > 键或单击鼠标右键。其余操作同上。

提示：该命令用于绘制结构图形的截面纵向钢筋非常方便（见图 3-11），绘制时将内径设置为零即可，外径根据绘制比例确定。

图 3-10　绘制圆环　　　　　　图 3-11　用"圆环"命令绘制钢筋

3.5　正多边形命令（Polygon）

正多边形命令（Polygon）用于绘制各种正多边形。正多边形是具有 3 到 1024 条等长边的闭合多段线。创建正多边形是绘制正方形、等边三角形、八边形等图形的简单方法。

（1）在"绘图"的下拉菜单中，选择"正多边形"选项（见图 3-12a）。

1）在命令行会出现提示，要求"输入边的数目"（见图 3-12b）

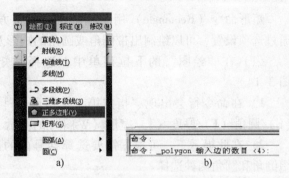

2）在此提示下，可根据需要输入绘制的多边形的边数回车或单击鼠标右键确认。在命令行会出现"指定正多边形的中心点或［边（E）］"的提示。

① 当已知多边形的中心至其顶点的距离或多边形的中心至其边的距离时，单击鼠标左键或输入坐标指定正多边形的中心点，在命令行会出现提示，要求"输入选项［内接于圆（I）外切于圆（C）］＜默认选项＞"。

图 3-12　菜单激活"正多边形"命令

根据需要绘制的多边形的参数特点进行选择。如知道多边形的中心至其顶点的距离（见图 3-13a 中 A、B 间距离），则选择内接于圆，键入 I 回车或单击鼠标右键确认；如知道多边形的中心至其边的距离（见图 3-13b 中 A、B 间距离），则选择外切于圆，键入 C 回车或单击鼠标右键确认。若选择和默认选项一致，则直接回车或单击鼠标右键。在命令行会出现提示，要求"指定圆的半径"。

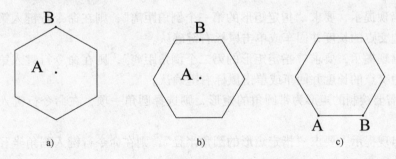

图 3-13　绘制"正多边形"

a）中心和外接圆　b）中心和内切圆　c）边的两个端点

按照上述原则，对应输入多边形的中心至其顶点的距离或多边形的中心至其边的距离，回车或单击鼠标右键确认即可。单击鼠标左键或输入坐标根据需要指定半径的另一点亦可。

② 当已知多边形的边长时选择边选项，键入 E 回车或单击鼠标右键确认，在命令行会出现提示，要求"指定边的第一个端点"。

单击鼠标左键或输入坐标指定正多边形边的一个端点，在命令行会出现提示，要求"指定边的第二个端点"，单击鼠标左键或输入坐标指定已知条件中正多边形边的另一个端点，需要的多边形绘制完成（见图 3-13c）。

（2）在绘图工具栏中点击"正多边形"命令图标。其余操作同上。

（3）在命令行中键入命令"Polygon"（简化命令为 POL），并按 < Enter > 键或单击鼠标右键确认。其余操作同上。

3.6 矩形命令（Rectangle）

矩形命令（Rectangle）用于绘制矩形或正方形。指定两个对角点绘出矩形或正方形，通过选项设置，可以绘制出带倒角或圆角的矩形及正方形。

（1）在"绘图"的下拉菜单中，选择"矩形"选项（见图 3-14）。

1）在命令行会出现"指定第一个角点或［倒角（C）/标高（E）/圆角（F）/厚度（T）/宽度（W）］"的提示（见图 3-15）。

2）在此提示下，可根据需要选择括号内的选项，这里只介绍倒角和圆角两种选择。

① 如果需要绘制的矩形为带倒角的矩形，则选择倒角一项，在命令行键入 C 回车或单击鼠标右键。

图 3-14 菜单激活
"矩形"命令

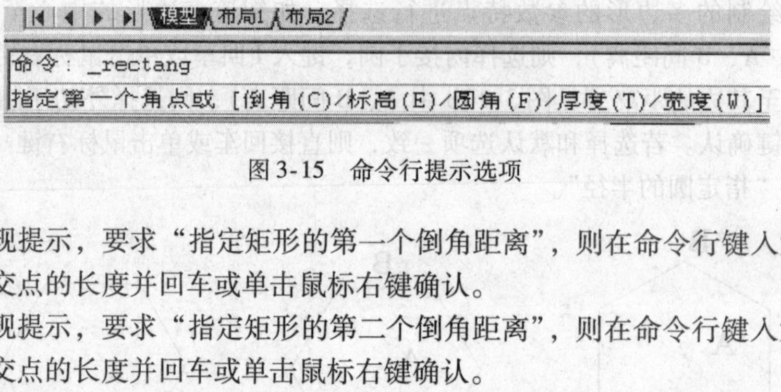

图 3-15 命令行提示选项

命令行出现提示，要求"指定矩形的第一个倒角距离"，则在命令行键入第一个倒角端点到矩形两边交点的长度并回车或单击鼠标右键确认。

命令行出现提示，要求"指定矩形的第二个倒角距离"，则在命令行键入第二个倒角端点到矩形两边交点的长度并回车或单击鼠标右键确认。

② 如果需要绘制的矩形为带圆角的矩形，则选择圆角一项，在命令行键入 F 回车或单击鼠标右键。

命令行出现提示，要求"指定矩形的圆角半径"，则在命令行键入圆角半径回车或单击鼠标右键确认。

3）在命令行会出现"指定第一个角点或［倒角（C）/标高（E）/圆角（F）/厚度（T）/宽度（W）］"的提示。

单击鼠标左键或输入坐标指定第一个角点，在命令行会出现"指定另一个角点或［面积（A）/尺寸（D）/旋转（R）］"的提示，若所绘制的矩形不需要旋转（与 X 轴平行）则：

① 单击鼠标左键或输入坐标指定第二个角点，矩形绘制完成。

② 若采用给出尺寸的方式，则选择尺寸选项，在命令行键入 D 回车或单击鼠标右键；在命令行会出现提示，要求"指定矩形的长度"，键入需要的矩形长度回车或单击鼠标右键确认；在命令行会出现提示，要求"指定矩形的宽度"，键入需要的矩形宽度回车或单击鼠标右键确认；在命令行会出现提示，要求"指定另一个角点或［面积（A）/尺寸（D）/旋转

（R）]"，单击鼠标左键指定一点定位，矩形绘制完成。

③ 若采用给出面积的方式，则选择面积选项，在命令行键入 A 回车或单击鼠标右键；在命令行会出现提示，要求"指定矩形的面积"，键入需要的矩形面积回车或单击鼠标右键确认；在命令行会出现，提示要求"计算矩形标注时依据 [长度（L）/宽度（W）] <长度>"，键入已知的矩形边长的类型回车或单击鼠标右键确认（已知长度则键入 L；已知宽度则键入 W）；在命令行会出现提示，要求输入矩形长度或宽度，键入需要的矩形长度或宽度回车或单击鼠标右键确认，矩形绘制完成。

④ 若所绘制的矩形需要旋转（与 X 轴有一定夹角），则在命令行出现"指定另一个角点或 [面积（A）/尺寸（D）/旋转（R）]"的提示下，选择旋转选项在命令行键入 R 回车或单击鼠标右键；在命令行会出现提示，要求"指定旋转角度或 [拾取点（P）]"，键入需要的旋转角度回车或单击鼠标右键确认，或选择拾取点选项以拾取两点连线的方式给出旋转角度；则在命令行会出现"指定另一个角点或 [面积（A）/尺寸（D）/旋转（R）]"的提示，分别按照上述三种方式可绘制出与 X 轴有一定夹角的矩形。

（2）在绘图工具栏中点击"矩形"命令图标 ⬜。其余操作同上。

（3）在命令行中键入命令"Rectangle"（简化命令为 REC），并按 <Enter> 键或单击鼠标右键确认。其余操作同上。

如需要绘制完整的矩形，则在上述操作中，倒角及圆角参数均输入零即可，其余操作相同。

3.7　椭圆和椭圆弧的绘制

椭圆由其长轴和短轴两条轴决定。本命令根据椭圆的长短轴及中心等条件绘制；椭圆弧是椭圆的一部分。

（1）在"绘图"的下拉菜单中，"椭圆"的选项下，按照不同的已知条件有 3 种绘制椭圆及椭圆弧的方法可供选择（见图 3-16）。

1）中心点（C）：通过确定椭圆中心和两个半轴长度画椭圆。从"绘图"菜单中选择"椭圆" ▶ "中心点"。在命令行会出现提示，根据提示逐一给出各项参数：指定椭圆的中心点；指定轴的端点；指定另一条轴的半轴长度。

2）轴、端点（E）：通过确定一个轴的两个端点和另一个半轴长度画椭圆。从"绘图"菜单中选择"椭圆" ▶ "轴、端点"。在命令行会出现提示，根据提示逐一给出各项参数：第一条轴的第一个端点；第一条轴的第二个端点；另一条轴的半轴长度。

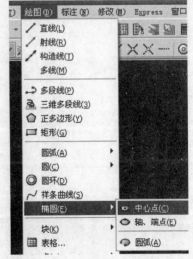

图 3-16　菜单激活"椭圆"命令

3）圆弧（A）：通过上述方法确定椭圆，再根据所画圆弧对应的角度等参数画椭圆上的一段弧。从"绘图"菜单中选择"椭圆" ▶ "圆弧"。在命令行会出现提示，根据提示逐一给出各项参数：定第一条轴的两个端点；定距离以定义

第二条轴的半长；定起点角度；指定端点角度。

椭圆弧从起点到端点按逆时针方向绘制。

（2）在绘图工具栏中点击"椭圆"命令图标 ⬭ 或者"椭圆弧"命令图标 ⬭。根据命令行提示进行选择，选择时键入选项后字母并回车或单击鼠标右键确认，然后输入相应参数回车或单击鼠标右键即可。

（3）在命令行中键入命令"Ellipse"（简化命令为 EL），并按 < Enter > 键或单击鼠标右键确认。其余操作同上。

第4章　对象特性与图层

✲ 学习要求：通过本章的学习，要求熟悉 AutoCAD 对象所具有的特性及其设置和修改方法，了解图层的功能，掌握图层的设置、使用和管理方法。

✲ 学习提示：图层是 AutoCAD 组织和管理视图的有效工具，合理地设置和使用图层并有效地管理，能够使视图层次清晰，便于修改。

在 AutoCAD 中绘制的每一个对象都具有自己的特性，例如图层、颜色、线型、线宽和打印样式等。在绘制图形过程中，这些特性可以帮助设计人员提高其绘图效率，例如在绘制如图 4-1 所示的建筑结构图时，可以对图形中的轴线、梁、柱、钢筋、文字、尺寸等对象设置不同的图层、不同的颜色、线型来更好地区分各对象，这将大大提高绘图效率。

4.1　对象特性

对象特性包括图层、颜色、线型、线宽和打印样式。例如一条轴线的特性可以自己设置，颜色为红色，线型为点画线，线宽为 0.25mm 等。

在新创建图形对象前，可以设置其特性，如不提前设置对象特性，对象特性将随层自动设置。创建图形的特性在对象特性工具条中显示，如图 4-2 所示。

对象特性工具条显示对象的颜色、线型、线宽和打印样式。其中颜色、线型、线宽特性的默认设置为“ByLayer”（随层），表示对象的这些特性随图层而定，并不单独设置，打印样式的默认设置为“随颜色”，即打印时根据对象的颜色来区分其线宽、灰度等效果。

4.1.1　设置对象特性

1. 设置颜色

在 AutoCAD 2006 中的对象颜色，用户如不想采用默认的随层（ByLayer）颜色，可以自定义。AutoCAD 2006 提供了 ACI 颜色、真彩色等多种颜色供用户使用，同时也提供了配色系统，方便用户调配自己喜欢的颜色。

设置颜色的方法有以下几种：

（1）选择下拉菜单“格式”/“颜色”选项，如图 4-3 所示。

（2）在“对象特性”工具栏的“颜色控制”下拉列表中，直接选择基本颜色或选择“选择颜色…”选项，如图 4-4 所示。

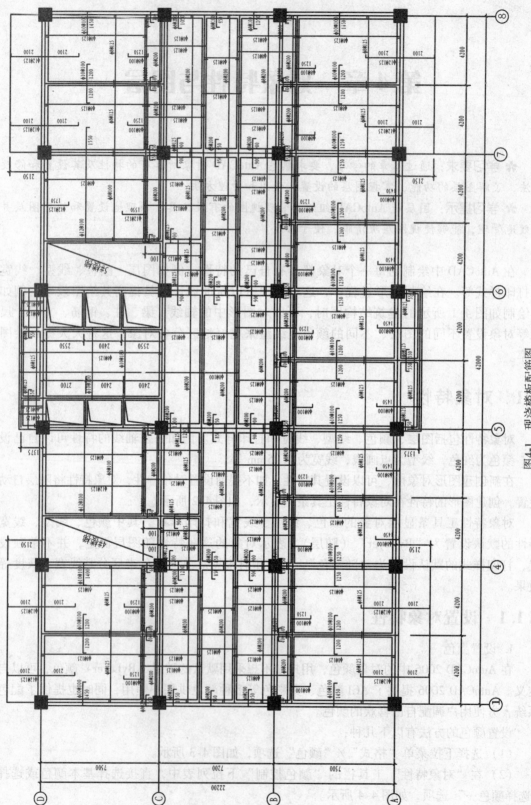

图4-1 现浇楼板配筋图

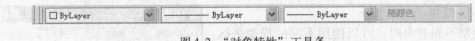

图 4-2　"对象特性"工具条

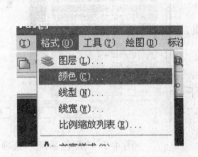

图 4-3　"颜色"下拉菜单

图 4-4　"颜色控制"下拉列表

（3）在命令行中输入 Color 命令。

调用命令后，系统将弹出"选择颜色"对话框，如图 4-5 所示。

索引颜色

ACI 颜色是 AutoCAD 中使用的标准颜色。每一种颜色用一个 ACI 编号（1 到 255 之间的整数）标识。标准颜色名称仅适用于 1 到 7 号颜色。颜色指定如下：1 红色、2 黄色、3 绿色、4 青色、5 蓝色、6 品红色、7 白色/黑色。

真彩色

如图 4-6 所示，真彩色使用 24 位颜色定义来显示 1600 万种颜色。指定真彩色时，可以使用 RGB 或 HSL 颜色模式。如果使用 RGB 颜色模式，则可以指定颜色的红、绿、蓝组合；如果使用 HSL 颜色模式，则可以指定颜色的色调、饱和度和亮度要素。

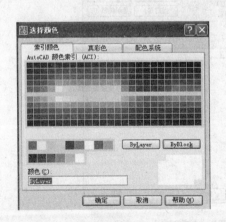

图 4-5　"选择颜色"对话框

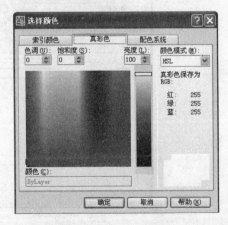

图 4-6　"真彩色"选项

配色系统

如图 4-7 所示，此程序包括几个标准配色系统。输入用户定义的配色系统可以进一步扩充可供使用的颜色选择。

2. 设置线型

在绘制不同对象时，可以使用不同的线型来区分，例如建筑工程图中，墙线常用实线，轴线常用点画线，梁线常用虚线表示。

设置线型的方法有以下几种：

（1）选择下拉菜单"格式"／"线型"选项，如图 4-8 所示。

（2）在命令行中输入 Linetype 命令。

（3）在"对象特性"工具栏的"线型控制"下拉列表中，直接选择已加载的线型或选择"其他…"选项，如图 4-9 所示。

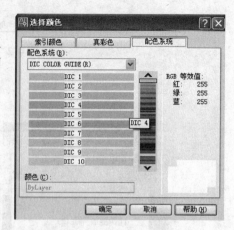

图 4-7　"配色系统"选项

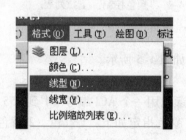

图 4-8　"线型"下拉菜单

图 4-9　"线型控制"下拉列表

调用命令后，系统将弹出"线型管理器"对话框，如图 4-10 所示。

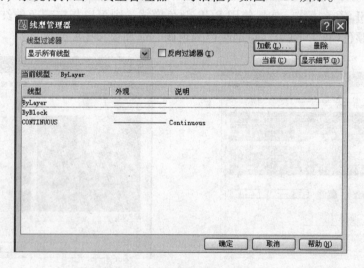

图 4-10　"线型管理器"对话框

"线型管理器"对话框中显示当前系统已加载的线型，系统默认的加载线型有三种线型，其中前两种"ByLayer"和"ByBlock"为逻辑线型，第三种线型"Continuous"为实线。根据绘图要求可以加载更多类型的线型，也可以对已加载的线型进行其他操作，各项功能如下。

1）加载线型。单击"加载"按钮，出现"加载或重载线型"对话框如图 4-11 所示。

AutoCAD 2006 的线型存放在线型文件 acad. lin 和 acadiso. lin 中，也可以从自定义线型文件中加载。用户可以根据自己的需要选择线型单击"确定"按钮把要加载的线型添加到"线型管理器"对话框的"线型"列表中。

2）设置当前线型。选择列表中的线型，单击"当前"按钮，可以把此线型变为当前图形线型。

3）删除线型。单击"删除"按钮，可以删除已加载的线型，但系统默认的三种线型"ByLayer""ByBlock"和"Continuous"不能删除，当前线型和图形中已经采用的线型也不能删除。

图 4-11 "加载线型"对话框

4）线型比例。有时，设置好的线型在绘图时不能显示，例如虚线显示成实线，这是线型比例的问题。单击"显示细节"按钮，出现如图 4-12 所示的详细信息项。其中，"全局比例因子"文本框可以设置整个图形中所有对象的线型比例，"当前对象缩放比例"文本框可以设置当前新创建对象的线型比例。线型比例的大小应根据所画图形的尺寸及比例确定。

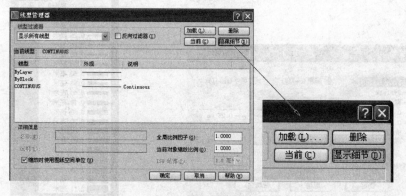

图 4-12 "线型管理器"对话框

3. 设置线宽

我们可以使用多段线命令绘制粗线，也可以通过线宽设置把细线打印成粗线。线宽设置比较灵活，设置后的粗线可以在屏幕上显示，也可以不显示，但用多段线绘制的粗线是显示在屏幕上的。通过对某一种线型的线宽设置，我们可以把这一线型打印成不同的宽度，而不用在屏幕上改变其宽度，这是比较方便的。

设置线宽的方法有以下几种：

（1）选择下拉菜单"格式"/"线宽"选项，如图 4-13 所示。

（2）在命令行中输入 Lweight 命令。

调用命令后，系统将弹出"线宽设置"对话框，如图 4-14 所示。

在"线宽设置"对话框的线宽列表中选择当前对象要使用的线宽后，还可以设置其单位和显示比例等参数，各项功能如下。

1）"列出单位"选项组：设置线宽的单位，可以是 mm 或 in。

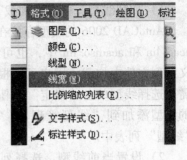

图 4-13 "线宽"下拉菜单

2）"显示线宽"复选框：设置是否把设置的线宽显示在屏幕上，也可以单击状态栏上的"线宽"按钮来显示或关闭线宽。

3）"默认"下拉列表框：设置默认线宽值，即关闭显示线宽后屏幕上所显示的线宽。

4）"调整显示比例"滑块：通过调节显示比例滑块，可以设置线宽的显示比例大小。

（3）在"对象特性"工具栏的"线宽控制"下拉列表中，直接选择需要的线宽，如图 4-15 所示。

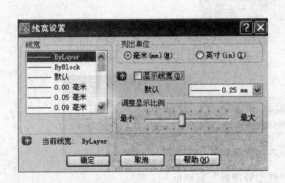

图 4-14 "线宽设置"对话框

图 4-15 "线宽控制"下拉列表

4.1.2 修改对象特性

修改已有对象的特性主要有两种方法，第一种方法是可以使用标准工具栏中的"对象特性"工具 ，第二种方法是可以使用"特性匹配"工具 来完成。

（1）使用"对象特性"工具可以改变对象的颜色、图层、线型和线型比例等诸多特性，如图 4-16 所示。

（2）使用"特性匹配"工具可以将一个已有对象的某些或所有特性（包括颜色、图层、线型和线型比例等）复制到其他对象上。

默认情况下，使用特性匹配是将选定的第一个对象的所有特性复制到目标对象。如果希望复制部分特性给其他对象，则在选择对象后输入 S 选项进行设置 选择目标对象或 [设置(S)]:。如图 4-17 所示，在出现的"特性设置"对话框中取消不想复制的特性。

图 4-16 "对象特性"工具

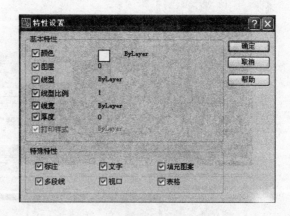

图 4-17 "特性设置"对话框

4.2 图层应用

图层相当于多张透明的重叠图纸，是 AutoCAD 中的主要组织工具。通过创建图层，可以将类型相似的对象指定给同一个图层使其相关联。例如，结构平面图中，将梁、柱、钢筋等对象分别画在不同的图层上，以便管理。

4.2.1 图层的创建与特性设置

开始绘制新图形时，AutoCAD 将创建一个名为"0"的默认图层。默认情况下，图层"0"将被指定使用 7 号颜色（白色或黑色，由背景色决定）、Continuous 线型以及"默认"线宽。不能删除或重命名 0 图层。

图层可以在"图层特性管理器"中创建，调用方法有以下几种：

（1）选择下拉菜单"格式"／"图层"选项，如图 4-18 所示。

（2）单击工具栏中"图层特性管理器"按钮 。

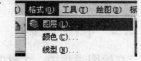

图 4-18 "图层"下拉菜单

（3）在命令行中输入 Layer 命令。

调用命令后，系统将弹出"图层特性管理器"对话框，如图 4-19 所示。

在"图层特性管理器"对话框中，单击"新建图层"按钮 可以创建新图层。新建图层系统自动起名为"图层 1"，用户可以根据自己的需要起新的图层名，例如"轴线"层等，如图 4-20 所示。新图层上所画对象的颜色、线型、线宽、打印与否等特性可以直接单击相应特性项目来设置，方法同对象特性设置。

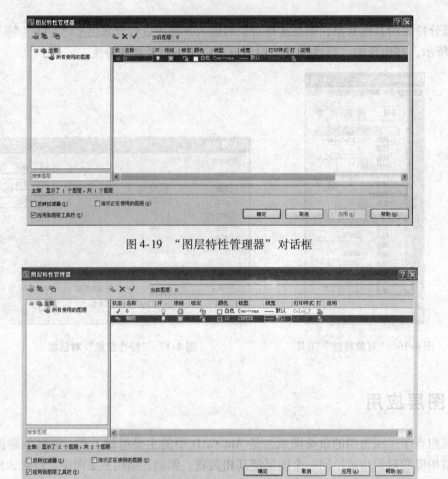

图 4-19　"图层特性管理器"对话框

图 4-20　新建图层

在"图层特性管理器"对话框中，选定一个图层，单击"删除图层"按钮 ✖ 可以删除图层，但系统默认的"0"层和已经使用其绘图的图层不能删除。选定一个图层，单击"置为当前"按钮 ✔ 可以将选定的图层变为当前图层。以上操作也可以在"图层特性管理器"对话框中单击鼠标右键选择。

4.2.2　图层控制

在绘图过程中，大量的图线需要图层的控制来实现更快地编辑。在"图层特性管理器"和"图层"工具栏中可以实现开/关图层、冻结/解冻图层、锁定/解锁图层等操作，如图4-21所示。

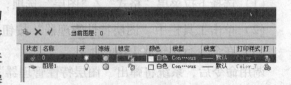

图 4-21　"图层控制"选项

1. 开/关图层

在"图层特性管理器"对话框中，单击"开"列对应的小灯泡图标 ♀，可以打开或关闭图层。在开状态下，灯泡的颜色为黄色，图层上的图形可以显示，也可以打印；在关状态下，灯泡的颜色为灰色，图层上的图形不能显示，也不能打印。

2. 冻结/解冻图层

在"图层特性管理器"对话框中，单击"冻结"列对应的图标⊙，可以冻结或解冻图层。在冻结状态下，显示为雪花，图层上的图形不能被显示，也不能打印；在解冻状态下，显示为太阳，图层上的图形能够显示，也能够打印。不能冻结当前层，也不能将冻结层改为当前层。

冻结的图层与关闭的图层的区别在于：冻结的图层不参与图形处理过程中的运算，但关闭的图层参与运算。所以在绘制复杂图形的过程中，冻结不需要的图层可以加快系统重新生成图形的速度。

3. 锁定/解锁图层

在"图层特性管理器"对话框中，单击"锁定"列对应的关闭或打开小锁图标🔒，可以锁定和解锁图层。锁定的图层不关闭本图层对象，但一旦锁定图层后，本图层上的对象不能被修改，也不能被选择，但还可以在锁定图层上绘制新图形对象。此外，还可以在锁定的图层上使用查询命令和对象捕捉功能。

4. 打印样式和打印

用户可以在打印样式列确定各图层的打印样式。但如果使用的是彩色绘图仪，则不能改变这些打印样式。单击打印列对应的打印机图标🖨，可以设置本图层上的对象是否打印，这样可以实现在图层图形显示的状态下，可以不打印输出该图层上的图形。此功能只能对可见的图层起作用，即只对没有冻结和没有关闭的图层起作用。

5. 说明

AutoCAD 2006 的"图层特性管理器"对话框的图层列表中，新增了"说明"列，可以为图层添加必要的补充说明信息。

除以上在"图层特性管理器"对话框中控制图层外，AutoCAD 2006 也可以通过图层工具栏，完成图层的关闭/打开、冻结/解冻、锁定/解锁和图层间的切换等操作，如图 4-22 所示。

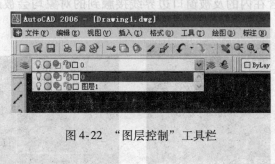

图 4-22　"图层控制"工具栏

第5章 对象的编辑与修改

✖ **学习要求**：通过本章的学习，要求熟悉 AutoCAD 选择对象的常用方法，掌握常用编辑命令的使用方法和技巧。

✖ **学习提示**：熟悉和掌握 AutoCAD 编辑命令使用方法和技巧，充分发挥其在处理图形上的强大功能是高效、准确绘图的前提。

5.1 构造选择集

在 AutoCAD 绘图系统中，所有编辑及修改命令均要选择已绘制好的图素，即构造选择集，其常用的选择方式有六种。

1. 点选

当需要选择对象时，鼠标变成一个小方块（见图5-1a），用鼠标直接点取对象，图素变虚，表示选中（见图5-1b）。

2. 窗选

当需要选择对象时，用鼠标在需要选择的对象外部对角上点两下，打开一个窗口可将所需选取的多个对象一次选中。当对角的两点由对象的左侧角到其右侧角时，窗口边界线为实线即为窗口选择（窗口内颜色为蓝色），此时所需要选择的对象必须全部包含在窗口内，即只有全部包含在窗口内的图素才会被选中（见图5-2a），变虚的图素为被选中的；当对角的两点由对象的右侧角到其左侧角时，窗口边界线为虚线即为窗交选择（窗口内颜色为绿色），此时凡被窗口包含在内的及被窗口边界线接触到的对象均会被选中（见图5-2b），变虚的图素为被选中的。

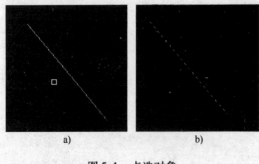

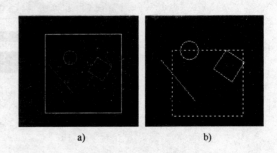

图5-1　点选对象　　　　　　　　　　　　图5-2　窗选对象

3. 多边形选

当需要选择对象时，在命令行键入"CP"并按 < Enter > 键确认后，用鼠标在需要选择的对象外部点多边形，此时多边形边界线为虚线，凡被多边形包含在内的及被其边界线接触到的对象均会被选中，变虚的图素为被选中的（见图5-3）。

图5-3　多边形选择对象

4. 最近

当需要选择对象时，在命令行键入"Last"并按<Enter>键确认，则最近一次绘制的图素会被选中（即在选择对象前最后绘制的图素），该图素会变虚。

5. 全选

当需要选择对象时，在命令行键入"All"并回车确认，则绘制的全部图素会被选中，图素会变虚。

6. 取消选择

当选择的对象中，有些对象是不需要选择而被误选的，可以在命令行键入"R"并回车确认，再用鼠标点取需要取消选择的对象。当选择的对象中，最后选择的对象不需要选择而误选的，可以在命令行键入"U"并回车确认，则最后选择的对象被取消选择。连续键入"U"，可以按倒数顺序逐个取消所选择的对象。

5.2　图形编辑修改命令

5.2.1　删除命令

该命令用于将不需要的图形删除。

（1）在"修改"的下拉菜单中，选择"删除"选项（见图5-4）。

1）在命令行会出现"选择对象"提示。

2）在"选择对象"提示下，可根据需要使用一种或多种本章第一节所介绍的选择方法选择要删除的对象。

3）选择完毕后按<Enter>键或单击鼠标右键确认，则所需要删除的图形被删除，完成操作。

图5-4　"删除"命令菜单

（2）在修改工具栏中点击"删除"命令图标 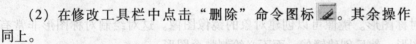。其余操作同上。

（3）在命令行中键入命令"Erase"（简化命令为E），并按<Enter>键或单击鼠标右键确认。其余操作同上。

5.2.2　移动命令

该命令用于将图形移动到新位置。

（1）在"修改"的下拉菜单中，选择"移动"选项。

1）在命令行会出现"选择对象"提示。

2）在"选择对象"提示下，选择要移动的对象。

3）选择完毕后按<Enter>键或单击鼠标右键确认，则命令行出现提示，要求"指定基点"。

4）单击鼠标左键在图形附近选中一点，或捕捉特征点。命令行出现提示，要求"指定位移的第二点"，则在需要的位置点单击鼠标左键，或捕捉特征点，则图形被移动到需要的位置，完成操作。

（2）在修改工具栏中点击"移动"命令图标 ✛。其余操作同上。

（3）在命令行中键入命令"Move"（简化命令为 M），并按 <Enter> 键或单击鼠标右键确认。其余操作同上。

5.2.3 复制命令

该命令用于复制图形。

（1）在"修改"的下拉菜单中，选择"复制"选项。

1）在命令行会出现"选择对象"提示。

2）在"选择对象"提示下，选择要复制的对象。

3）选择完毕后按 <Enter> 键或单击鼠标右键确认，则命令行出现提示，要求"指定基点"。

① 在图形附近点单击鼠标左键，或捕捉特征点。

② 命令行出现提示，要求"指定位移的第二点"，则在需要的位置单击鼠标左键，或捕捉特征点，则图形在需要的位置被复制出一个。

③ 命令行继续出现提示，要求"指定位移的第二点"，如果只需要复制一个对象，则按 <Enter> 键或单击鼠标右键退出命令；如果需要将所选择的对象复制多个，也就是重复复制时，则在需要的位置再次单击鼠标左键，或捕捉特征点，则图形在需要的第二个位置又被复制一个。

④ 命令行重复出现提示，要求"指定位移的第二点"，则图形将在需要的位置被重复复制，直到需要复制的图形复制完毕，按 <Enter> 键或单击鼠标右键退出命令。

（2）在修改工具栏中点击"复制对象"命令图标 ⌗。其余操作同上。

（3）在命令行中键入命令"Copy"（简化命令为 CO 或 CP），并按 <Enter> 键或单击鼠标右键确认。其余操作同上。

5.2.4 镜像命令

该命令用于绘制对称图形。镜像可以创建对象的镜像图像。这对绘制对称图形非常有用，可以只绘制半个图形，然后创建镜像，而不必绘制整个图形。

在建筑施工图的绘制当中，绘制楼梯常常采用此命令。

在操作此命令前应做是否进行文字镜像的设置，在命令行键入命令 Mirrtext 并回车或单击鼠标右键确认，在命令行要求输入新值的提示下，按照需要输入 1 或 0（文字镜像输 1，文字不镜像输 0，见图 5-5）并回车或单击鼠标右键确认即可。

（1）在"修改"的下拉菜单中，选择"镜像"选项。

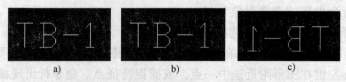

图 5-5　文字镜像参数设置及效果

a）原图　b）Mirrtext = 0　c）Mirrtext = 1

1）在命令行会出现"选择对象"提示。

2）在"选择对象"提示下，选择要镜像的对象。

3）选择完毕后按＜Enter＞键或单击鼠标右键确认，则命令行出现提示，要求"指定镜像线的第一点"（即对称轴的第一点）。

4）单击鼠标左键或输入坐标指定镜像直线的第一点，则命令行出现提示，要求"指定镜像线的第二点"（即对称轴的第二点）。

5）单击鼠标左键或输入坐标指定镜像直线的第二点（指定的两个点为直线的两个端点），则命令行出现提示："是否删除源对象？［是（Y)/否（N)］＜否＞"。

6）选择"是"并回车或单击鼠标右键确认。选定的图形相对于这条直线被对称绘制并删除原始图形。

7）选择"否"并回车或单击鼠标右键确认（可直接回车或单击鼠标右键确认尖括号内的默认选择）。选定的图形相对于这条直线被对称绘制并保留原始图形。

（2）在修改工具栏中点击"镜像"命令图标 。其余操作同上。

（3）在命令行中键入命令"Mirror"（简化命令为 Mi)，并按＜Enter＞键或单击鼠标右键确认。其余操作同上。

5.2.5　旋转命令

该命令用于将图形按需要的角度绕指定点旋转或旋转复制。

（1）在"修改"的下拉菜单中，选择"旋转"选项。

1）在命令行会出现"选择对象"提示。

2）在"选择对象"提示下，选择要旋转的对象。

3）选择完毕后按＜Enter＞键或单击鼠标右键确认，则命令行出现提示，要求"指定基点"。

4）在图形附近需要的位置单击鼠标左键（一般为图形中心点），或捕捉特征点。命令行出现提示，要求"指定旋转角度，或［复制（C)/参照（R)］"，如果在旋转的同时需要复制，则先选择复制 C 选项再进行旋转操作，如不需要复制，则直接进行下列旋转操作。

5）根据对象需要旋转的角度在命令行输入相应的选项进行旋转：

① 已知需要旋转的角度则直接输入角度（逆时针为正，顺时针为负），回车或单击鼠标右键确认。或在需要的旋转位置上单击鼠标左键，或捕捉特征点，则图形按需要的角度被旋转，完成操作。

② 如果旋转的对象需要参照已有对象的角度进行旋转，而该对象的具体角度不知或者无法精确测量，则选择参照选项 R，用鼠标拾取需要旋转对象的基准边的两点作为参照角（使用对象捕捉功能）如图 5-6a 所示正方形左侧边的两端点；在命令行提示，要求"指定新角度"时选择"点"选项"P"，然后拾取参照对象的基准边的两点（使用对象捕捉功能)，如图 5-6b 所示直线的两个端点，则正方形的左侧边按照直线的角度旋转（图 5-6c)。

③ 如被旋转的对象需要旋转到一个已知角度，如图 5-7 中的直线需要旋转到与 X 轴的夹角为 60°的位置，而其目前与 X 轴的夹角不知或无法精确测量，则选择参照选项 R，使用对象捕捉功能用鼠标拾取需要旋转对象的基准边的两点作为参照角（见图 5-7b、c 直线的两端点)；在命令行提示，要求"指定新角度"时输入对象需要旋转到的角度（见图 5-8，输

入 60），则对象被旋转到需要的位置（见图 5-7d）。

（2）在修改工具栏中点击"旋转"命令图标 $\circlearrowright$ 。其余操作同上。

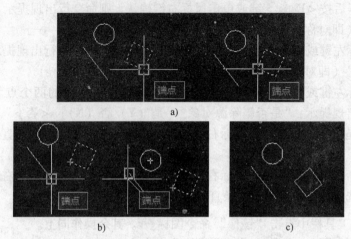

图 5-6　将正方形一边旋转至与直线平行

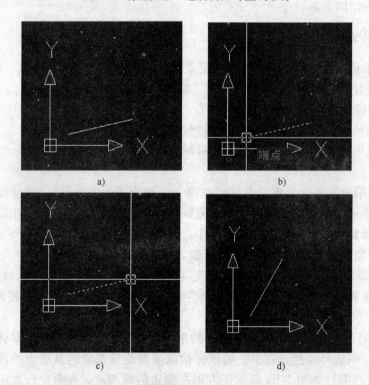

图 5-7　将直线旋转至与 X 轴夹角为 60°

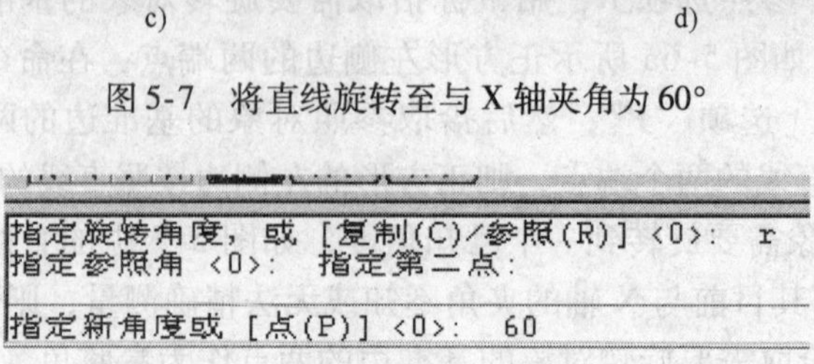

```
指定旋转角度，或 [复制(C)/参照(R)] <0>: r
指定参照角 <0>: 指定第二点:

指定新角度或 [点(P)] <0>: 60
```

图 5-8　直接输入新角度

（3）在命令行中键入命令"Rotate"（简化命令为 RO），并按 < Enter > 键或单击鼠标右键确认。其余操作同上。

5.2.6 缩放命令

该命令用于将图形按需要的系数放大或缩小，使图形本身大小发生变化。

（1）在"修改"的下拉菜单中，选择"缩放"选项。

1）在命令行会出现"选择对象"提示。

2）在"选择对象"提示下，选择要缩放的对象。

3）选择完毕后按 < Enter > 键或单击鼠标右键确认，则命令行出现提示，要求"指定基点"。

4）在图形附近需要的位置单击鼠标左键（一般为图形中心点），或捕捉特征点。命令行出现提示，要求"指定比例因子或［复制（C）/参照（R）]"，如果在缩放的同时需要复制，则先选择复制 C 选项再进行缩放操作，如不需要复制，则直接进行下列缩放操作。

5）根据对象需要缩放的已知条件在命令行输入相应的选项进行缩放：

① 在命令行直接输入需要放大或缩小的参数（> 1 为放大，< 1 为缩小），回车或单击鼠标右键确认，图形被缩放，完成操作。

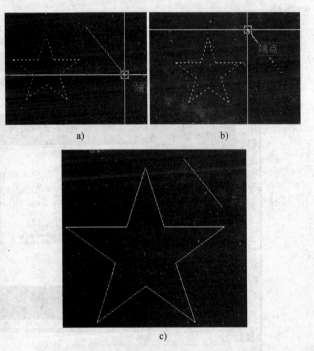

② 如果对象需要参照已有对象的长度进行缩放（如图 5-9 中的五角星边长需缩放至直线长度），而该参照对象的具体长度不知或者无法精确测量，则选择参照选项 R，用鼠标拾取需要缩放对象的基准边的两点作为参照长度（使用对象捕捉功能），如图 5-9a 中五角星某边的两端点；在命令行提示，要求"指定新长度"时选择"点"选项"P"，然后拾取参照对象的基准边的两点（使用对象捕捉功能），如图 5-9a、b 中直线的两个端点，则对象按照参照对象的长度被缩放，如图 5-9c 中五角星的边长按照直线的长度被放大。

图 5-9 将五角星边长缩放至直线长度

③ 如被缩放的对象需要缩放到一个已知长度（如图 5-10 中的线段长度需要缩小到 10），而其目前的长度不知或无法精确测量，则选择参照选项 R，使用对象捕捉功能用鼠标拾取需要缩放对象的基准边的两点作为参照长度（如图 5-10a、b 中直线的两端点）；在命令行提示，要求"指定新长度"时输入对象需要缩放到的长度（如图 5-10c，输入 10），则对象被缩小到需要的长度（见图 5-10d）。

（2）在修改工具栏中点击"比例"命令图标 □。其余操作同上。

（3）在命令行中键入命令"Scale（简化命令为 SC），并按 < Enter > 键或单击鼠标右键确认。其余操作同上。

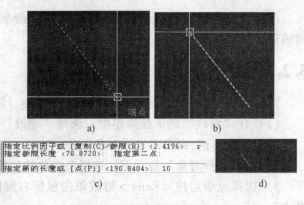

图 5-10　将线段长度缩放至 10

5.2.7　阵列命令

该命令用于按一定规律复制图形。

可以通过矩形或环形（圆形）阵列命令复制多个图形。对于矩形阵列，可以控制行和列的数目以及它们之间的距离。对于环形阵列，可以控制复制对象的数目并决定是否旋转它们。复制多个定间距的对象，阵列比复制要快。

（1）在"修改"的下拉菜单中，选择"阵列"选项，会出现如图 5-11 所示对话框。

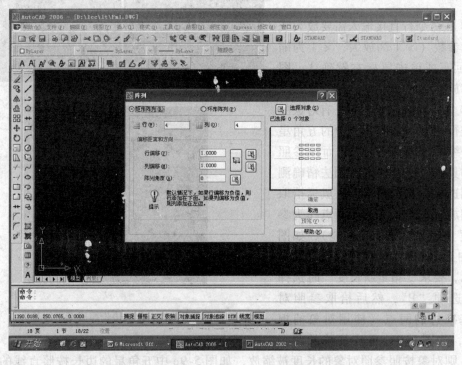

图 5-11　"阵列"对话框

1）如果需要将对象按矩形排列的方式复制，则选中矩形阵列前单选按钮。

① 在行栏目中输入包括原对象在内的复制后的对象行总数目，在列栏目中键入包括原对象在内的复制后的对象列总数目。

② 在行偏移栏目中输入复制后对象间行距离（向上为正，向下为负），在列偏移栏目中输入复制后对象间列距离（向右为正，向左为负），在阵列角度栏目中输入复制后整体对象

与 X 轴的夹角（逆时针为正，顺时针为负）。该项参数也可采取拾取的方式确定所需要的已知对象间的距离，如图 5-12。

③ 点击选择对象按钮，在命令行出现提示："选择对象"。

④ 在"选择对象"提示下，选择要阵列的对象回车或单击鼠标右键确认。

⑤ 出现对话框显示已选择若干对象，并可看到阵列后的大概情况，点击确定按钮完成。

若不确定是否正确可点击预览按钮，则在绘图区会出现阵列后的实际图形并同时出现如图 5-13 所示对话框，正确时点击接受按钮即可，不正确时点击修改按钮，则回到上级对话框进行修改，修改完毕后确定。

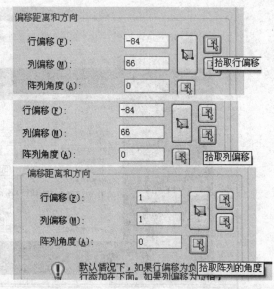

图 5-12　阵列参数输入（或拾取）

2）如果需要将对象按环形排列的方式复制，则选中环形阵列前单选按钮，出现如图 5-14 所示对话框。

① 在中心点项目 X、Y 栏目中分别输入按环形排列需要的中心点坐标，或点击拾取按钮在需要的中心点位置单击鼠标左键（通常为拾取某特征点，此时应打开对象捕捉）。

图 5-13　阵列预览

② 根据需要在方法栏目中选择选项，并在项目总数（包括原对象在内的复制后的对象总数目）、填充角度（所有项目布置的范围内所包含的圆心角）、项目间角度（每个项目之间范围所对应的圆心角）栏目中输入相应的参数。

③ 根据需要在"复制时旋转项目"选项前选择或取消。

④ 点击选择对象按钮，在命令行出现提示："选择对象"。

⑤ 在"选择对象"提示下，选择要阵列的对象回车或单击鼠标右键确认。

⑥ 出现如图 5-14 对话框显示已选择若干对象，并可看到阵列后的大概情况，点击确定按钮完成。

若不确定是否正确可点击预览按钮，则在绘图区会出现阵列后的实际图形并同时出现如图 5-13 对话框，正确点击接受按钮即可；不正确点击修改按钮，则回到上级对话框进行修改，修改完毕后确定。

（2）在修改工具栏中点击"阵列"命令图标 ⊞。其余操作同上。

（3）在命令行中键入命令"Array（简化命令为 AR），并按 < Enter > 键或单击鼠标右键确认。其余操作同上。

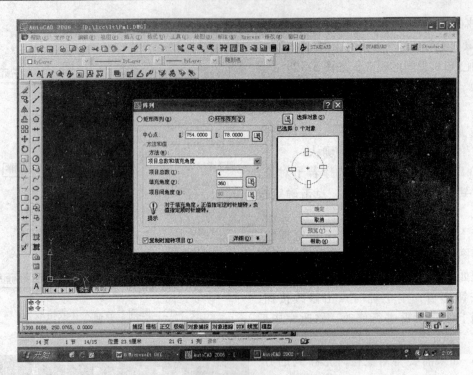

图 5-14 "环形阵列"对话框

5.2.8 偏移命令

该命令用于同方向复制单一图形或绘制相似图形。偏移圆或圆弧可绘制同心圆或圆弧；偏移多边形可绘制相似多边形。

(1) 在"修改"的下拉菜单中，选择"偏移"选项。

1) 在命令行会出现提示："指定偏移距离或［通过（T）］<当前默认选项>"。

2) 在此提示下，若需要按距离复制，则直接输入距离并回车或单击鼠标右键确认（可直接回车或单击鼠标右键确认尖括号内的默认选择）；若需要按指定通过点复制，则选择通过，输入 T 并回车或单击鼠标右键确认（尖括号内的默认选择为通过时可直接回车或单击鼠标右键确认）。在命令行会出现提示："选择要偏移的对象"。

3) 选取要偏移的图形，在命令行会出现提示："指定点以确定偏移所在一侧（按距离复制）或指定通过点（按通过点复制）"。

4) 单击鼠标左键或输入坐标指定偏移方向（按距离复制）或指定通过点（按通过点复制）。图形在需要的位置被复制或绘制成其相似形。在命令行会继续出现提示："选择要偏移的对象"。

5) 重复 3)、4) 步操作，直到不需要继续复制或绘制为止，回车或单击鼠标右键退出命令。

(2) 在修改工具栏中点击"偏移"命令图标 ⚏。其余操作同上。

(3) 在命令行中键入命令"Offset"（简化命令为 O），并按 <Enter> 键或单击鼠标右键确认。其余操作同上。

注：在执行"偏移"命令时，只能以点选的方式选择对象；"偏移"命令每次只能偏移一个对象；点、图块、属性和文本对象不能被偏移。

在绘制建筑图形时，采用此命令绘制楼梯梯段板的斜线及梁柱断面的箍筋比较便捷。

5.2.9　拉伸命令

该命令用于将图形按需要拉伸变形。

（1）在"修改"的下拉菜单中，选择"拉伸"选项。

1）在命令行会出现"选择对象"提示。

2）在"选择对象"提示下，采用窗交或多边形的选择方法选择要拉伸的对象（该项要求在激活命令后，在命令行会有提示，此时注意选择窗口的位置及方向为对象需要拉伸的一侧），回车或单击鼠标右键确认，则命令行出现提示，要求"指定基点"。

3）在图形附近单击鼠标左键，或捕捉特征点。命令行出现提示，要求"指定位移的第二点"。

4）在需要的位置单击鼠标左键，或捕捉特征点，或输入坐标确定点，回车或单击鼠标右键确认，则图形被拉伸到需要的形状或尺寸，完成操作。

（2）在修改工具栏中点击"拉伸"命令图标 。其余操作同上。

（3）在命令行中键入命令"Stretch"（简化命令为 S），并按 < Enter > 键或单击鼠标右键确认。其余操作同上。

5.2.10　对齐命令

该命令用于将一个对象与另一个对象对齐。

（1）在"修改"的下拉菜单中，选择"三维操作/对齐"选项。

1）在命令行会出现"选择对象"提示。

2）在"选择对象"提示下，选择要与其他对象对齐的对象（如图 5-15 中的地梁）。

3）选择完毕后回车或单击鼠标右键确认，则命令行出现提示，要求"指定第一个源点"。

4）在该对象上点击需要对齐的点，或捕捉特征点（如图 5-16 中地梁的左下角点）。命令行出现提示，要求"指定第一个目标点"，则点取需要对齐的目标点，或捕捉特征点（如图 5-17 中片石基础的左上角点），则命令行出现提示，要求"指定第二个源点"。

5）点取需要对齐的第二点，或捕捉特征点（如图 5-18 中地梁的右下角点）。命令行出现提示，要求"指定第二个目标点"，则点取需要对齐的第二个目标点，或捕捉特征点（如图 5-19 中片石基础的右上角点），则命令行出现提示，要求"指定第三个源点或 < 继续 >"。

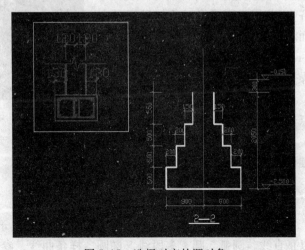

图 5-15　选择对齐的源对象

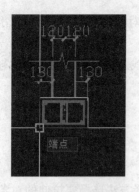

图 5-16　选择第一个对齐源点

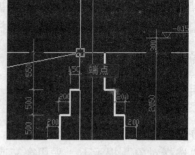

图 5-17　选择第一个对齐目标点

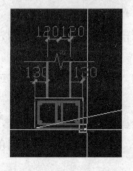

图 5-18　选择第二个对齐源点

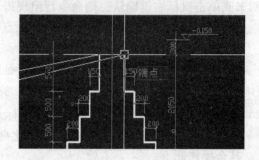

图 5-19　选择第二个对齐目标点

6）回车或单击鼠标右键继续，命令行出现提示："是否基于对齐点缩放对象？ ［是（Y）/否（N）］ ＜否＞"。

7）如果需要将对象按照目标大小对齐，则选择是（Y）并回车或单击鼠标右键确认，完成操作（如图 5-20 中地梁宽度按片石基础第一步台的宽度的尺寸缩小并与其对齐）；如果只需要将对象与目标对齐而不改变大小，则选择否（N）并回车或单击鼠标右键确认，完成操作。

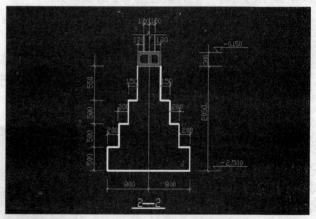

图 5-20　地梁与基础对齐

（2）可调出"对齐"工具栏，点击其命令图标。其余操作同上。

（3）在命令行中键入命令"Align"（简化命令为 AL），并按 ＜Enter＞ 键或单击鼠标右键确认。其余操作同上。

5.2.11　修剪命令

AutoCAD 中可以修剪对象，使它们精确地终止于由其他对象定义的边界。修剪边界可以是直线、圆弧、圆、多段线、椭圆、样条曲线、参照线、射线和块。

（1）在"修改"的下拉菜单中，选择"修剪"选项。

1）在命令行会出现"选择对象"提示。

2）在"选择对象"提示下，选择作为剪切边的对象，若要选择图形中的所有对象作为可能的剪切边，则回车或单击鼠标右键即可。

3）选择完毕后回车或单击鼠标右键确认，则命令行出现提示，要求"选择需要修剪的对象"。

4）选择需要修剪对象的一端，直到不需要修剪为止，则回车或单击鼠标右键，操作完成。

（2）在修改工具栏中点击"修剪"命令图标 。其余操作同上。

（3）在命令行中键入命令"Trim"（简化命令为 TR），并按 < Enter > 键或单击鼠标右键确认。其余操作同上。

命令行提示中各选项的含义如下：

"（投影）"选项：指定修剪对象时是否使用投影的模式。

"（边）"选项：指定修剪对象时是否使用延伸模式。若选择"边"选项，则系统提示如下："输入隐含边延伸模式 ［延伸（E）/不延伸（N）］ < 不延伸 >"。

其中"延伸（E）"选项可以在修剪边界与被修剪对象不相交的情况下，假定修剪边界延伸至被修剪对象并进行修剪。而选择"N"模式则无法进行修剪。

"（放弃）"选项：放弃由"Trim"命令所作的最近一次修改。

注意：使用"Trim"命令时必须先启动命令，后选择要编辑的对象；启动该命令时已选择的对象将自动取消选择状态。

5.2.12　延伸命令

AutoCAD 中可以延伸对象，使它们精确地延伸至由其他对象定义的边界。延伸边界可以是直线、圆弧、圆、多段线、椭圆、样条曲线、参照线、射线和块。

（1）在"修改"的下拉菜单中，选择"延伸"选项。

1）在命令行会出现"选择对象"提示。

2）在"选择对象"提示下，选择作为延伸边界的对象，要选择图形中的所有对象作为可能的延伸边，回车或单击鼠标右键即可。

3）选择完毕后回车或单击鼠标右键确认，则命令行出现提示，要求"选择需要延伸的对象"。

4）选择需要延伸对象的一端，直到不需要延伸为止，则回车或单击鼠标右键，操作完成。

（2）在修改工具栏中点击"延伸"命令图标 。其余操作同上。

（3）在命令行中键入命令"Extend"（简化命令为 EX），并按 < Enter > 键或单击鼠标右键确认。其余操作同上。

命令行提示中各选项的含义与修剪命令相同。

5.2.13　打断命令

该命令用于将图形在需要的地方断开。

（1）在"修改"的下拉菜单中，选择"打断"选项。

1）在命令行会出现"选择对象"提示。

2）在"选择对象"提示下，选择需要打断的对象。

① 直接点取需要打断对象的打断位置，则命令行出现提示："指定第二个打断点或［第一点（F）］"。

点取需要打断对象的打断位置的第二点，则该对象在点取的位置被打断，且两打断点之间的部分被删除。

② 点取需要打断的对象任意位置，则命令行出现提示："指定第二个打断点或［第一点（F）］"。

在命令行中键入 F 并回车或单击鼠标右键，则命令行出现提示："指定第一个打断点"。

点取需要打断对象的打断位置的第一点，则命令行出现提示："指定第二个打断点"。

点取需要打断对象的打断位置的第二点，则该对象在点取的位置被打断，且两打断点之间的部分被删除。

③ 点取需要打断对象的打断位置，则命令行出现提示："指定第二个打断点或［第一点（F）］"。

在命令行中键入 @ 并回车或单击鼠标右键确认，则该对象在点取的位置被打断，且打断点为一点，图形没有被删除的部分。

（2）在修改工具栏中点击"打断"命令图标 ⬚ 。其余操作同上。

（3）在命令行中键入命令"Break（简化命令为 BR），并按 < Enter > 键或单击鼠标右键确认。其余操作同上。

5.2.14　合并命令

该命令用于将同类多个对象合并为一个对象，即将位于同一条直线上的若干条直线合并为一个直线，将同心同半径的多个圆弧（椭圆弧）合并为一个圆弧或整圆（椭圆）。

（1）在"修改"的下拉菜单中，选择"合并"选项。

1）在命令行会出现"选择源对象"提示。

2）在"选择源对象"提示下，可选择需要合并到的目标对象，则命令行提示："选择要合并到源的对象"。

3）选择需要和目标合并为一体的对象，然后回车或单击鼠标右键确认，则对象被合并。

如果需要将圆弧合并为整圆，则在"选择圆弧，以合并到源或进行［闭合（L）］"提示下选择闭合选项，然后回车或单击鼠标右键确认，则圆弧合并为整圆。

（2）在修改工具栏中点击"合并"命令图标 ✚ 。其余操作同上。

（3）在命令行中键入命令"Join（简化命令为 J），并按 < Enter > 键或单击鼠标右键确认。其余操作同上。

5.2.15　分解命令

分解命令可以分解多段线、标注、图案填充或块参照等合成对象，将其转换为单个元素各自独立。

(1) 在"修改"的下拉菜单中，选择"分解"选项。

1) 在命令行会出现"选择对象"的提示。

2) 在此提示下，选择需要分解的图素，选择完毕后回车或单击鼠标右键确认。

(2) 在修改工具栏中点击"分解"命令图标 。其余操作同上。

(3) 在命令行中键入命令"Explode"，并按 < Enter > 键或单击鼠标右键确认。其余操作同上。

5.2.16　倒角命令

该命令用于将两条相交的线段倒角。

(1) 在"修改"的下拉菜单中，选择"倒角"选项。

1) 在命令行会出现"选择第一条直线或［放弃（U）/多段线（P）/距离（D）/角度（A）/修剪（T）/方法（E）/多个（M）］"的提示。

2) 在此提示下，可根据需要选择括号内的选项。

① 如果需要将所选择的对象按照倒角距离进行倒角，则选择距离一项，在命令行键入 D 回车或单击鼠标右键。

命令行出现提示，要求"指定第一个倒角距离"，则在命令行键入沿着第一个线段方向的倒角端点到两线段交点的长度并回车或单击鼠标右键确认。

命令行出现提示，要求"指定第二个倒角距离"，则在命令行键入沿着第二个线段方向的倒角端点到两线段交点的长度并回车或单击鼠标右键确认。

在命令行会出现"选择第一条直线或［放弃（U）/多段线（P）/距离（D）/角度（A）/修剪（T）/方法（E）/多个（M）］"的提示。

选择修剪选项，以确定倒角与线段的连接方式，在命令行键入 T 回车或单击鼠标右键。

命令行提示"输入修剪模式选项［修剪（T）/不修剪（N）］"，若倒角与线段齐头连接，则选择修剪，在命令行键入 T 并回车或单击鼠标右键；若倒角与线段不齐头连接（保持原样），则选择不修剪，在命令行键入 N 并回车或单击鼠标右键；如命令行后尖括号里的默认选项与所需要的选项一致，则直接回车或单击鼠标右键确认。

在命令行会出现"选择第一条直线或［放弃（U）/多段线（P）/距离（D）/角度（A）/修剪（T）/方法（E）/多个（M）］"的提示。

点取需进行倒角的第一条线段，在命令行会出现"选择第二条直线"的提示。

点取需进行倒角的第二条线，则两条线段按照需要进行倒角绘制，操作完成。

② 如果需要将所选择的对象按照倒角距离与角度进行倒角，则选择角度一项，在命令行键入 A 回车或单击鼠标右键。

命令行出现提示，要求"指定第一条直线的倒角长度"，则在命令行键入沿着第一个线段方向的倒角端点到两线段交点的长度并回车或单击鼠标右键确认。

命令行出现提示，要求"指定第一条直线的倒角角度"，则在命令行键入倒角与第一个线段的夹角并回车或单击鼠标右键确认。

在命令行会出现"选择第一条直线或［放弃（U）/多段线（P）/距离（D）/角度（A）/修剪（T）/方法（E）/多个（M）］"的提示。

选择修剪选项，以确定倒角与线段的连接方式，在命令行键入 T 回车或单击鼠标右键。

命令行提示"输入修剪模式选项［修剪（T）/不修剪（N）］"，若倒角与线段齐头连接，则选择修剪，在命令行键入 T 并回车或单击鼠标右键；若倒角与线段不齐头连接（保持原样），则选择不修剪，在命令行键入 N 并回车或单击鼠标右键；如命令行后尖括号里的默认选项与所需要的选项一致，则直接回车或单击鼠标右键确认。

在命令行会出现"选择第一条直线或［放弃（U）/多段线（P）/距离（D）/角度（A）/修剪（T）/方法（E）/多个（M）］"的提示。

点取需进行倒角的第一条线段，在命令行会出现"选择第二条直线"的提示。

点取需进行倒角的第二条线，则两条线段按照需要进行倒角绘制，操作完成。

③ 如果倒角距离与角度不用重新设置，则选择方法一项，在命令行键入 E 回车或单击鼠标右键。

在命令行会出现"输入修剪方法［距离（D）/角度（A）］"的提示。

a. 如果需要将所选择的对象按照倒角距离进行倒角，则选择距离一项，在命令行键入 D 回车或单击鼠标右键。

在命令行会出现"选择第一条直线或［放弃（U）/多段线（P）/距离（D）/角度（A）/修剪（T）/方法（E）/多个（M）］"的提示。

点取需进行倒角的第一条线段，在命令行会出现"选择第二条直线"的提示。

点取需进行倒角的第二条线，则两条线段按照需要进行倒角绘制，操作完成。

b. 如果需要将所选择的对象按照倒角距离与角度进行倒角，则选择角度一项，在命令行键入 A 回车或单击鼠标右键。

在命令行会出现"选择第一条直线或［放弃（U）/多段线（P）/距离（D）/角度（A）/修剪（T）/方法（E）/多个（M）］"的提示。

点取需进行倒角的第一条线段，在命令行会出现"选择第二条直线"的提示。

点取需进行倒角的第二条线，则两条线段按照需要进行倒角绘制，操作完成。

（2）在修改工具栏中点击"倒角"命令图标 。其余操作同上。

（3）在命令行中键入命令"Chamfer"（简化命令为 CHA），并按 < Enter > 键或单击鼠标右键确认。其余操作同上。

如将两条线段相交连接，则在上述操作中，所有参数均输入零即可，其余操作相同。

5.2.17 圆角命令

该命令用于将两条相交的线段进行圆角处理或以半圆弧连接两条平行直线。

在建筑规划图绘制时，绘制道路常用此命令。

（1）在"修改"的下拉菜单中，选择"圆角"选项。

1）在命令行会出现"选择第一个对象或［放弃（U）/多段线（P）/半径（R）/修剪（T）/多个（M）］"提示。

2）在此提示下，可根据需要选择括号内的选项。

① 如果需要将所选择的对象按照圆角半径进行圆角，则选择半径一项，在命令行键入 R 回车或单击鼠标右键。

命令行出现提示，要求"指定圆角半径"，则在命令行键入所需圆角的半径，并回车或单击鼠标右键确认。

在命令行会出现"选择第一个对象或［放弃（U）/多段线（P）/半径（R）/修剪（T）/多个（M）]"提示。

选择修剪选项，以确定圆角与线段的连接方式，在命令行键入 T 回车或单击鼠标右键。

命令行提示"输入修剪模式选项［修剪（T）/不修剪（N）]"，若圆角与线段齐头连接，则选择修剪，在命令行键入 T 并回车或单击鼠标右键；若圆角与线段不齐头连接（保持原样），则选择不修剪，在命令行键入 N 并回车或单击鼠标右键；如命令行后尖括号里的默认选项与所需要的选项一致，则直接回车或单击鼠标右键确认。

在命令行会出现"选择第一个对象或［放弃（U）/多段线（P）/半径（R）/修剪（T）/多个（M）]"的提示。

点取需进行圆角的第一条线段，在命令行会出现"选择第二个对象"的提示。

点取需要进行圆角的第二条线，则两条线段按照需要进行圆角绘制，操作完成。

如将两条线段相交连接，则在上述操作中，所有参数均输入零即可，其余操作相同。

② 如果需要圆角的对象为多段线，则选择多段线一项，在命令行键入 P 回车或单击鼠标右键。

③ 如果需要圆角的对象为两条平行线，则不需输入任何参数，在提示下直接选择要连接的线段即可。

（2）在修改工具栏中点击"圆角"命令图标 。其余操作同上。

（3）在命令行中键入命令"Fillet"（简化命令为 F），并按 < Enter > 键或单击鼠标右键确认。其余操作同上。

第6章 复杂绘图命令

✹ **学习要求**：通过本章的学习，要求掌握多线及多段线命令的功能和操作方法。

✹ **学习提示**：多线及多段线的绘制与编辑，对于绘制平面布置图及构件大样施工图非常实用、方便和快捷。

6.1 多线的绘制与编辑

6.1.1 设置多线样式

该命令用于进行多线（平行结构线）的线数、间距、线型、颜色等的设置。

（1）在"格式"的下拉菜单中，选择"多线样式"选项，会出现如图6-1所示对话框。

1）在对话框样式栏目中已有多线样式的名字，点击"修改"按钮，则出现如图6-2所示对话框，可对其多线元素等参数进行修改。

① 在元素框里，点击添加按钮以增加多线中的线元素，然后设置所需要的线型、颜色、偏移距离。

② 在封口框里，可以设置多线的封头形式，在需要的项目前面勾选。

③ 在填充和显示连接框里，可以选择填充的颜色和是否需要显示连接的选择。最后点击确定按钮，多线参数修改完毕。

图6-1 "多线样式"对话框

2）如需新的样式，在图6-1所示对话框中点击新建按钮，则出现如图6-3所示对话框，在新样式名框中输入样式名，点击继续按钮，则出现如图6-4所示对话框，可对其多线元素等参数进行设置。

① 在元素框里，点击添加按钮以增加多线中的线元素，然后设置所需要的线型、颜色、偏移距离。

② 在封口框里，可以设置多线的封头形式，在需要的项目前面勾选。

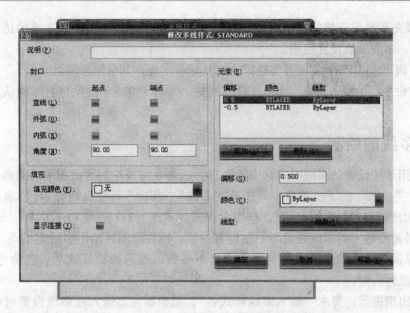

图 6-2 多线样式参数修改

图 6-3 新建多线样式命名

图 6-4 新建多线样式参数设置

③ 在填充和显示连接框里，可以选择填充的颜色和是否需要显示连接的选择。最后点击确定按钮，多线参数设置完毕。

（2）可调出"多线样式"工具栏，点击其命令图标。其余操作同上。

（3）在命令行中键入命令"Mlstyle"，并按 < Enter > 键或单击鼠标右键确认。其余操作同上。

6.1.2　多线的绘制

该命令用于按设置的多线样式画多线图形，该命令可以绘制平面图中的梁和墙体。

（1）在"绘图"的下拉菜单中，选择"多线"，在命令行会出现提示："显示当前设置（对正形式和比例及当前多线名称），指定起点或［对正（J）/比例（S）/式样（ST）］"。

1）如果需要输入的多线设置与当前设置一致，则在绘图区给出多线起始点。

2）如果需要输入的多线式样与当前式样不一致，则选择样式选项，在命令行键入 ST 回车或单击鼠标右键。

命令行出现提示，要求"输入多线样式名"，则根据需要输入在多线设置时设置过的样式名回车或单击鼠标右键确认（如不记得所设置过的样式名可输入？并回车查询）。

在命令行会出现提示，显示当前多线设置，并要求"指定起点或［对正（J）/比例（S）/式样（ST）］"，则在绘图区给出多线起始点。

3）如果需要输入的多线比例与当前比例不一致，则选择比例选项，在命令行键入 S 回车或单击鼠标右键。

命令行出现提示，要求"输入多线比例"，则输入实际绘制的多线间距（例如墙厚、梁宽等）与多线设置时的偏移尺寸的比值，回车或单击鼠标右键确认。

在命令行会出现提示显示当前多线设置，并要求"指定起点或［对正（J）/比例（S）/式样（ST）］"，则在绘图区给出多线起始点。

4）如果需要输入的多线对正关系与当前对正关系不一致，则选择对正选项，在命令行键入 J 回车或单击鼠标右键。

命令行出现提示，要求"输入对正类型"，则根据需要输入对正类型，回车或单击鼠标右键确认。

上（T）：上对正，绘多线时起始点与设置的多线上边重合。

无（Z）：无对正，绘多线时起始点与设置的多线基线（偏移原点）重合。

下（B）：下对正，绘多线时起始点与设置的多线下边重合。

在命令行会出现提示，显示当前多线设置，并要求"指定起点或［对正（J）/比例（S）/式样（ST）］"，则在绘图区给出多线起始点。

执行以下操做后，命令行出现提示，要求"指定下一点"，则根据需要在绘图区给出多线的第二点，命令行出现提示，要求"指定下一点或［放弃（U）］"，若需继续绘制多线，则根据需要在绘图区给出多线的第三点，命令行出现提示，要求"指定下一点或［闭合（C）/放弃（U）］"，以此类推，直到不需要继续绘制为止，则在命令行出现提示，要求"指定下一点或［闭合（C）/放弃（U）］"时，回车或单击鼠标右键，若需要图形闭合，则选择闭合选项，在命令行键入 C 回车或单击鼠标右键。结束操作。

（2）可调出"多线"工具栏，点击其命令图标。其余操作同上。

（3）在命令行中键入命令"Mline"（简化命令为 ML），并按 < Enter > 键或单击鼠标右键确认。其余操作同上。

6.1.3　编辑多线

该命令用于对绘制好的多线进行相应的编辑修改。

（1）在"修改"的下拉菜单中，"对象"选项的子菜单中选择"多线"，则会出现如图 6-5 所示多线编辑工具对话框。

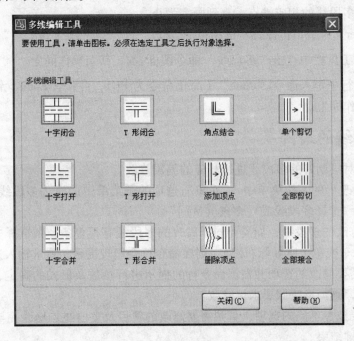

图 6-5　多线编辑工具

1）点击所需要的修改样式图例，在命令行会出现提示，要求"选择第一条多线或选择多线"（根据修改方式不同而不同）。

2）在命令行会出现提示，要求"选择第二条多线或第二个点"（根据修改方式不同而不同），则选择到的多线按照需要修改完毕。

3）如果有多个多线需要上述相同修改，则继续选择直到不需要为止，回车或单击鼠标右键，操作结束。

（2）可调出"编辑多线"工具栏，点击其命令图标。其余操作同上。

（3）在命令行中键入命令"Mledit"，并按 < Enter > 键或单击鼠标右键确认。其余操作同上。

6.2　多段线的绘制与编辑

6.2.1　多段线的绘制

该命令用于绘制有宽度的线或圆弧，并使多个图形形成整体，使用该命令绘制钢筋非常方便。

（1）在"绘图"的下拉菜单中，选择"多段线"，在命令行出现提示，要求"指定起点"。

1）在绘图区需要的位置用鼠标选取一点（或输入坐标），在命令行出现提示，显示当前线宽并要求"指定下一个点或［圆弧（A）/半宽（H）/长度（L）/放弃（U）/宽度（W）］"。

2）可选择需要修改的选项并根据命令行的提示进行参数及形式的确定，然后根据命令行的提示，给出多段线的相应端点，直到画完为止。

3）按＜Enter＞键或单击鼠标右键结束。

（2）在绘图工具栏中点击"多段线"命令图标 。其余操作同上。

（3）在命令行中键入命令"Pline"（简化命令为 PL），并按＜Enter＞键或单击鼠标右键确认。其余操作同上。

6.2.2　多段线的编辑

该命令用于对绘制好的多段线进行相应的编辑修改。

（1）在"修改"的下拉菜单中，"对象"选项的子菜单中选择"多段线"，则在命令行会出现提示要求"选择多段线或［多条（M）］"。

1）选择要修改的多段线，如需要同样修改的多段线有很多条，则选择多条选项（在命令行键入 M 并回车或单击所鼠标右键），则在命令行会出现提示，要求输入选项。

2）可选择需要修改的选项并根据命令行的提示进行参数及形式的确定，然后回车或单击鼠标右键确认，则图形按照要求被修改。

3）按照需要选择不同的选项，直到需要修改的项目及多段线均修改完毕，按＜Enter＞键或单击鼠标右键结束。

（2）可调出"编辑多段线"工具栏，点击其命令图标 。其余操作同上。

（3）在命令行中键入命令"Pedit"（简化命令为 PE），并按＜Enter＞键或单击鼠标右键确认。其余操作同上。

6.3　点的绘制及对象的等分

6.3.1　设置点样式

该命令用于进行点的样式设置。

（1）在"格式"的下拉菜单中，选择"点样式"选项，会出现如图 6-6 所示对话框。该对话框中提供了 20 种点样式，用户可根据需要来选择其中一种。

点击所需要的样式图例，点的样式选择完毕。点的大小的设置方式有两种：

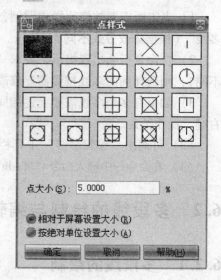

图 6-6　点样式

1）（相对于屏幕设置尺寸）：即按屏幕尺寸的百分比设置点的显示大小。当执行显示缩放时，显示出的点的大小不改变。

2）（按绝对单位设置尺寸）：即按实际单位设置点的显示大小。当执行显示缩放时，显示出的点的大小随之改变。

（2）可调出"点样式"工具栏，点击其命令图标。其余操作同上。

（3）在命令行中键入命令"Ddptype"，并按＜Enter＞键或单击鼠标右键确认。其余操作同上。

6.3.2　绘制点

该命令用于按设置的样式画点。

（1）在"绘图"的下拉菜单中：

1）选择"点"选项中的"单点"，在命令行会出现提示，显示当前点模式（样式编号和点大小及设置方式：相对为负，绝对为正），并要求指定点，在需要画点的位置单击鼠标左键或输入坐标，在此位置绘制出所设定样式和大小的点，命令结束。

2）选择"点"选项中的"多点"，在命令行会出现提示，显示当前点模式（样式编号和点大小及设置方式：相对为负，绝对为正），并要求指定点，在需要画点的位置单击鼠标左键或输入坐标，在此位置绘制出所设定样式和大小的点，可连续在需要画点的位置单击鼠标左键或输入坐标，则可画出若干个所设定样式和大小的点，直到不需要画点为止，回车或单击鼠标右键命令结束。

（2）在绘图工具栏中点击"点"命令图标 · 。其余操作同上。

（3）在命令行中键入命令"Point"，并按＜Enter＞键或单击鼠标右键确认。其余操作同上。

6.3.3　定数等分

该命令用于按设置的点样式以确定等分数目等分线、圆等一次绘制的图形。

（1）在"绘图"的下拉菜单中，选择"点"选项中的"定数等分"，在命令行会出现提示，要求"选择要定数等分的对象"。

1）选取要定数等分的图形，在命令行会出现提示，要求"输入线段数目"。

2）输入等分后线段的数目，回车或单击鼠标右键确认，图形按照需要以所设置的点的形式被等分。

3）重复上述操作，可将多个图形进行等分。

（2）可调出"定数等分"工具栏，点击其命令图标 。其余操作同上。

（3）在命令行中键入命令"Divide"（简化命令为 DIV），并按＜Enter＞键或单击鼠标右键确认。其余操作同上。

6.3.4　定距等分

该命令用于按设置的点样式以确定等分距离等分线、圆等一次绘制的图形。

（1）在"绘图"的下拉菜单中，选择"点"选项中的"定距等分"，在命令行会出现提示，要求"选择要定距等分的对象"。

1）选取要定距等分的图形，在命令行会出现提示，要求"指定线段长度"。

2）输入等分后每段线段的长度，回车或单击鼠标右键确认，图形按照需要以所设置的点的形式被等分。

3）重复上述操作，可将多个图形进行等分。

（2）可调出"定距等分"工具栏，点击其命令图标 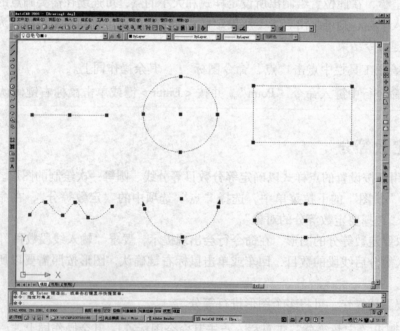。其余操作同上。

（3）在命令行中键入命令"Measure"（简化命令为 ME），并按 < Enter > 键或单击鼠标右键确认。其余操作同上。

6.4　夹点

6.4.1　夹点概念

在 AutoCAD 中当用户选择了某个对象后，对象的控制点上将出现一些小的蓝色正方形框，这些正方形框被称为对象的夹点。如一条直线有三个夹点，一个圆有五个夹点。常见对象的夹点如图 6-7 所示。

图 6-7　常见图形夹点

利用这些夹点，可以对图形对象进行一系列的编辑操作，包括移动、镜像、旋转、缩放、拉伸、复制等。

6.4.2　夹点的设置

在"工具"菜单的"选项"对话框的"选择"选项卡中，可以设置夹点功能的启用、夹点框颜色与大小等参数（见图 6-8）。

打开夹点设置对话框的方式有如下两种：

（1）菜单："工具"／"选项"／"选择"。

（2）命令：Ddgrips。

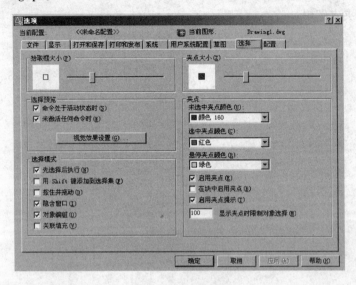

图 6-8　夹点参数设置

参数说明：

夹点大小：设置夹点框大小。

夹点颜色：设置夹点框颜色。系统默认设置下，未选中的夹点颜色为蓝色，称为温夹点；选中的夹点颜色为红色，称为热夹点；悬停夹点颜色为绿色。悬停夹点颜色指光标在夹点上滚动时夹点显示的颜色。

启用夹点：设置选择对象时是否在对象上显示夹点。在图形中显示夹点会明显降低绘图性能。清除此选项可优化绘图性能。

在块中启用夹点：设置在选中块后如何在块上显示夹点。如果选择此选项，将显示块中每个对象的所有夹点。如果清除此选项，将在块的插入点处显示一个夹点。

启用夹点提示：当光标悬停在支持夹点提示的自定义对象的夹点上时，显示夹点的特定提示。此选项对标准对象上无效。

显示夹点时限制对象选择：当初始选择集包括多于指定数目的对象时，抑制夹点的显示。有效值的范围从 1 到 32767。默认设置是 100。

6.4.3　利用夹点编辑对象

在 AutoCAD 中使用夹点编辑选定的对象时，首先要选中某个夹点作为编辑操作的基准点。这时命令行中将出现拉伸、基点、复制、放弃、退出等操作命令提示，也可单击右键调用快捷菜单进行选择，如图 6-9 所示。

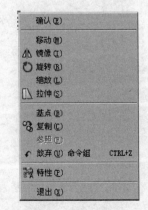

图 6-9　快捷菜单

图 6-9 中常用的选项功能介绍如下：

基点：忽略热夹点并重新选择基点。

复制：多次重复复制夹点编辑的对象。

放弃命令组：取消所有选项。

退出：退出夹点编辑。

第7章 辅助绘图命令

✽ **学习要求**：通过本章的学习，要求了解栅格和捕捉的功能，熟悉图案的填充与编辑、正交与极轴、对象捕捉、对象追踪、动态输入等绘图辅助功能，并掌握其使用及相应的设置。掌握距离、面积等常用查询命令的使用。

✽ **学习提示**：有效合理地利用绘图辅助功能和信息查询命令是充分发挥 AutoCAD 2006 快速、准确绘制工程图的保证。

7.1 图案填充命令（Bhatch）

图案填充（Bhatch）命令用于对图形以需要的图案进行区域填充。

（1）在"绘图"的下拉菜单中，选择"图案填充"，出现图 7-1 所示"图案填充和渐变色"对话框。

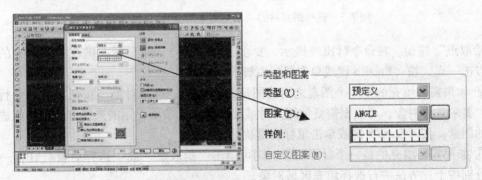

图 7-1 "图案填充"对话框及"类型和图案"栏目

1）在"图案填充"选项卡中以合适的方式选择填充图案样式。

① 在"类型和图案"栏目中的"图案"下拉列表中选择所需图案的名称，则"样例"栏目后面出现相应的图案样式（如图 7-1 右图）。

② 单击"样例"栏目中相应图案或者单击"图案"下拉列表框后面的按钮 ⬜，则出现如图 7-2 中左图"填充图案选项板"对话框。

在所需要的图案上单击鼠标左键（如图 7-2 右图），然后按"确定"按钮，回到上级对话框，则"图案"栏目后面出现相应的图案名称（如图 7-3 所示）。

2）在"角度及比例"栏目相应项中键入需要的参数。

3）在"边界"栏目中选取合适的方式选择填充对象。

① 如果需要填充的是由多个图素段围起来的图形，图形之外也包含有所属图素段则点

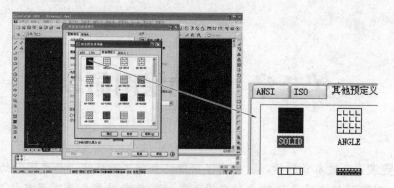

图 7-2 "填充图案选项板"对话框

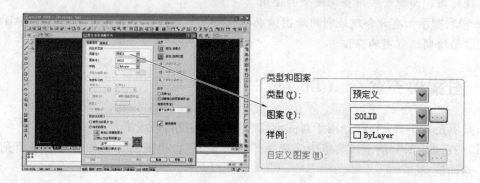

图 7-3 选择图案后的"填充图案选项卡"对话框

击"拾取点"按钮。在命令行出现提示，要求选择内部点，用鼠标左键在需要填充的图形内部点击一点，按<Enter>键或单击鼠标右键确认。

② 如果需要填充的是多个图素之间的图形，则点击"选择对象"按钮。在命令行出现提示，要求选择对象，可根据需要使用一种或多种第 5.1 节所介绍的选择方法选择组成填充区域的图素，按<Enter>键或单击鼠标右键确认。

③ 如果需要填充的是一个封闭图形，则可单击"拾取点"或"选择对象"任何一个按钮。分别按上述方法进行选择填充区域对象。

4）在"图案填充"对话框中，单击"确定"按钮，图形被所选图案填充；若不确定所输入参数是否满足绘图要求，可单击"预览"按钮进行预览，并可修改参数，直到满足为止。

（2）在"绘图"工具栏中点击"图案填充"命令图标 📐 。其余操作同上。

（3）在命令行中键入命令"Bhatch"（简化命令为 BH），并按<Enter>键或单击鼠标右键确认。其余操作同上。

7.2 修改图案填充命令（Hatchedit）

修改图案填充（Hatchedit）命令用于对填充好的图案进行相应的编辑修改。

（1）在"修改"的下拉菜单中"对象"选项的子菜单中选择"图案填充"，则在命令行会出现提示，要求选择图案填充对象。

1）用鼠标左键单击需要修改的填充图案，则会出现如图 7-4 所示"图案填充编辑"对话框。

图 7-4　"图案填充编辑"对话框

2）根据需要选择图案样式及各类参数，单击"确定"按钮，填充图案被修改，操作完成。

（2）在需要编辑修改的图案上双击鼠标左键。其余操作同上。

（3）调出"编辑图案填充"工具栏，点击其命令图标。其余操作同上。

（4）在命令行中键入命令"Hatchedit"，并按 < Enter > 键或单击鼠标右键确认。其余操作同上。

7.3　精确绘图辅助工具

"草图设置"对话框用于设置捕捉和栅格，如图 7-5 所示。通过执行 Dsettings 命令，或者选择"工具"菜单下"草图设置"子菜单都能打开"草图设置"对话框。该对话框内有"捕捉和栅格"、"极轴追踪"、"对象捕捉"和"动态输入"四个选项卡。

7.3.1　栅格和捕捉设置

栅格是显示在用户定义的图形界限内的点阵，使用栅格可以对齐对象并直观显示对象之间的距离，可以直观地参照栅格绘制草图，它类似于在图形下放置一张坐标纸。可以随时调

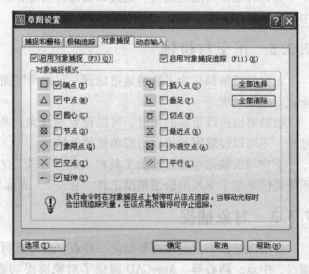

图 7-5　"草图设置"对话框

整栅格的间距。栅格只在图形界限以内显示，在输出图纸时并不打印栅格。

捕捉工具的作用是对准到设置的捕捉间距点上，用于准确定位和控制间距。

通过状态栏上的"捕捉"和"栅格"按钮控制，捕捉和栅格的设置在同一个选项卡内，常常配合起来使用，用于捕捉绝对坐标。

1. 设置栅格间距

在"捕捉和栅格"选项卡内，用户可以设置 X、Y 轴的栅格间距。栅格间距缺省均为 10。

2. 捕捉类型

在"捕捉和栅格"选项卡内，"捕捉类型和样式"栏用于设置捕捉类型和模式。捕捉类型包括栅格捕捉和极轴捕捉。其中栅格捕捉包括"矩形捕捉"和"等轴测捕捉"。当选择极轴捕捉时，通常只设置栅格间距及极轴的距离。

3. 设置捕捉

捕捉使光标只能停留在图形中指定的点上，这样可以很方便地将图形放置在特殊点上，便于以后的编辑工作。一般情况下，栅格与捕捉的间距和角度都设置为相同的数值，打开捕捉功能后，光标只能定位在图形中的栅格点上跳跃式移动。

4. 设置捕捉间距

在"捕捉和栅格"标签内，用户可以设置 X、Y 轴的捕捉间距。捕捉间距缺省均为 10，当其设置为 0 时，捕捉间距设置无效。

5. 捕捉间距与栅格间距的区别

捕捉间距与栅格间距是性质不同的两个概念，二者的值可以相同，也可以不同。可以同时打开，也可以不同时打开。如果捕捉间距设置为 5，而栅格间距设置为 10，则光标移动两步，才能从栅格中的一个点移到下一个点。

6. 设立捕捉角度和基点

如果要沿着特定角度进行绘图，可以在"角度"文本框中设置捕捉角度为非零。此时十字光标和栅格均随之旋转。通过设置捕捉角度，在栅格和捕捉打开的情况下，容易绘制图中的倾斜结构。

7.3.2 正交与极轴

正交与极轴都是为了准确地追踪到一定的角度而设置的，正交工具仅仅能追踪到水平和垂直方向的角度。

极轴可以追踪更多的角度，可以设置增量角，所有 0° 和增量角的整数倍角度都会被追踪到，还可以设置附加角以追踪单独的极轴角。

正交与极轴命令通过辅助工具栏上的"正交"／"极轴"按钮控制。打开正交功能后，系统提供类似丁字尺的绘图辅助工具"正交"，光标只能在水平方向和垂直方向上移动。

7.3.3 对象捕捉

在绘图过程中，经常需要指定一些点。这些点可能是已有对象上的点，例如已有对象的端点、中点、圆心等。AutoCAD 提供了对象捕捉功能，可以帮助用户迅速、准确地捕捉到某些特殊点，从而能够精确地绘制图形。对象捕捉是在已有对象上精确定位点的一种辅助工具，它不是 AutoCAD 的主命令，不能在命令行的"命令："提示符下单独执行，只能在执行绘图命令或图形编辑命令的过程中，当 AutoCAD 要求指定点时才可以使用。

可以使用以下两种方式来激活对象捕捉模式。

1. 临时对象捕捉方式

在执行主命令的过程中要求指定一个点时，选择一个所需要的对象捕捉来响应提示，待捕捉到所需要的点后，对象捕捉就自动关闭了。因此，此方式也称为"一次性"用法。在 AutoCAD 2006 提示指定一个点时，按住 < Shift > 键不放，在屏幕绘图区点击鼠标右键，则弹出一个如图 7-6 所示的快捷菜单。

用户可以在其中选择所需要的对象捕捉选项。也可以在图 7-6 所示的"对象捕捉"工具栏中单击所需的对象捕捉图标。下面通过绘制如图 7-7 所示的三角形，来说明临时对象捕捉的使用方法。

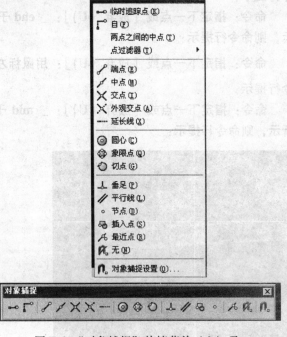

图7-6　"对象捕捉"快捷菜单（上）及
"对象捕捉"工具栏（下）

要求绘制的三角形的三个角点需分别通过原有的三个图形对象的圆心、端点和中点。

单击绘制"直线"图标按钮，命令提示为：

命令：_ line 指定第一点：用鼠标左键单击捕捉按钮 捕捉圆心点，则命令行提示：

命令：_ line 指定第一点：_ cen 于，此时用鼠标点击圆心，如图 7-8 所示，则命令行提示：

图7-7　绘制三角形

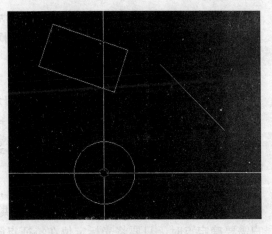

图7-8　捕捉圆心

命令：指定下一点或［放弃（U）］：用鼠标左键点击捕捉按钮 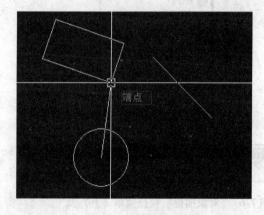 捕捉矩形端点，则命令行提示：

命令：指定下一点或［放弃（U）］：_ end 于，此时用鼠标单击矩形端点，如图7-9所示，则命令行提示：

命令：指定下一点或［放弃（U）］：用鼠标左键点击捕捉按钮 捕捉直线中点，则命令行提示：

命令：指定下一点或［放弃（U）］：_ mid 于，此时用鼠标点击直线中点，如图7-10所示，则命令行提示：

图7-9　捕捉端点

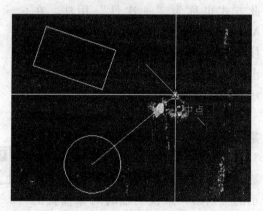

图7-10　捕捉中点

命令：指定下一点或［闭合（C）/放弃（U）］：_ C　　闭合直线

则此时绘出的三角形端点精确地定位于所要求的位置，如图7-7所示。

在图7-6的"对象捕捉"工具栏中，还有两个非常有用的对象捕捉工具，即"临时追踪点"和"自"工具。在图7-6的"对象捕捉"快捷菜单中也可执行这两个命令。

"临时追踪点"工具 ━○：可在一次操作中创建多条追踪线，然后根据这些追踪线确定要定位的点。

"自"工具 ：在命令提示指定下一个点时，"自"工具可以提示用户捕捉一个临时参照点，并将该点作为参考基点，用户可以相对坐标的方式输入 X 轴和 Y 轴的偏移距离才能得到捕捉点。

2. 自动对象捕捉方式

设置一种或多种对象捕捉模式并打开自动对象捕捉功能（状态栏中精确绘图辅助工具按钮） ，则所设置的多种捕捉模式在对象捕捉功能打开期间将始终起作用，直到关闭对象捕捉功能。在自动对象捕捉模式下，只要用户被要求指定一个点时，即自动选择相应的对象捕捉模式。

前面所讲的对象捕捉方法是每画一个点，都要捕捉一次对象。如果需要连续用某种捕捉模式选取一系列对象时，AutoCAD 2006 提供了一种自动捕捉模式。进入该模式后，每当用户需要确定点时，只要将光标定位在特征点附近，就会自动使用相应的捕捉模式，而不需要用户依次再选择。

　　自动对象捕捉功能的设置是在"草图设置"对话框的"对象捕捉"选项卡中进行的，如图 7-11 所示。

　　"草图设置"对话框的打开方式有两种。

　　（1）在"工具"下拉菜单中选"草图设置"子菜单并点击"对象捕捉"按钮。

　　（2）在状态栏中精确绘图辅助工具"对象捕捉"按钮处点击鼠标右键选择"设置"（见图 7-12）。

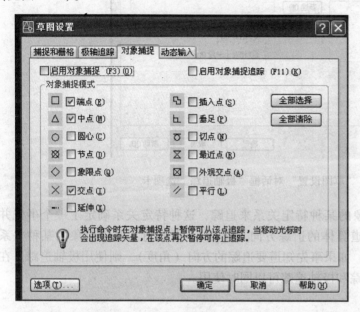

图 7-11　　"草图设置"对话框

图 7-12　对象捕捉设置

7.3.4　自动追踪

　　自动追踪是光标跟随参照线确定点位置的方法，它有两种工作方式：极轴追踪和对象捕捉追踪。将自动追踪和对象捕捉功能结合起来应用将会使图形绘制更加方便。极轴追踪是光标沿设定的角度增量显示参照线，在参照线上确定所需的点。利用对象捕捉追踪可获得对象上关键的点位，这些点即为追踪点，它们是参照线的出发点。

　　1. 极轴追踪

　　极轴追踪是指按事先给定的角度增量来追踪特征点。极轴追踪功能可以在系统要求指定一个点时，按预先设置的角度增量显示一条无限延伸的辅助线（这是一条虚线），这时用户可以沿辅助线追踪得到光标点。"极轴追踪"选项卡（见图 7-13）中各选项的功能和含义如下：

　　（1）"启用极轴追踪"单选框：用于打开或关闭极轴追踪。也可以使用状态栏处的"极轴"按钮或按＜F10＞键来打开或关闭极轴追踪。

　　（2）"极轴角设置"选项区域：用于设置极轴角度。在"增量角"下拉列表框中可以选择系统预设的角度，如果该下拉列表框中的角度不能满足需要，可选择"附加角"单选框，然后单击"新建"按钮，在"附加角"列表中增加新角度。

　　2. 对象捕捉追踪

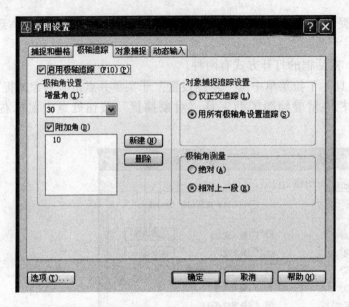

图 7-13　"草图设置"对话框"极轴追踪"选项卡

　　对象捕捉追踪是指按与对象的某种特定关系来追踪,这种特定关系确定了一个事先并不知道的角度。如果事先不知道具体的追踪方向(角度),但知道与其他对象的某种关系(如相交),可用对象捕捉追踪;如果事先知道要追踪的方向(角度),则使用极轴追踪。在 AutoCAD 2006 中,对象捕捉追踪和极轴追踪可以同时使用。

　　3. 动态输入

　　动态输入是 AutoCAD 2006 的新增功能,主要由指针输入、标注输入、动态提示三部分组成。使用动态输入功能可以在工具栏提示中输入坐标值,而不必在命令行中进行输入,光标旁边显示的工具栏提示信息将随着光标的移动而动态更新(见图 7-14)。当某个命令处于活动状态时,可以在工具栏提示中输入值。

图 7-14　动态输入

　　动态输入可以完全取代 AutoCAD 传统的命令行,为用户提供了更加方便的操作方式,它通过辅助工具栏上的"DYN" ⌊DYN⌋ 按钮控制。

7.4　查询对象的几何特征

7.4.1　距离查询

　　AutoCAD 提供的 Dist 命令,可以方便地查询指定两点之间的直线距离以及该直线与 X 轴的夹角。

　　(1) 在"工具"的下拉菜单中,选择"查询"/"距离"选项(见图 7-15)。

图 7-15　"查询"/"距离"菜单

1）在命令行会出现提示，要求指定第一点，用鼠标左键指定需查询距离的第一点，则命令行出现提示，要求指定下一点。

2）用鼠标左键指定需查询距离的第二点，则命令行给出该两点之间的距离、两点之间的连线和 X 轴正方向的夹角、该连线与 XY 平面的夹角、两点在 X 轴方向的坐标值之差、两点在 Y 轴方向的坐标值之差、两点在 Z 轴方向的坐标值之差（见图 7-16）。

```
距离 = 699.3934, XY 平面中的倾角 = 28,    与 XY 平面的夹角 = 0
X 增量 = 617.9221,   Y 增量 = 327.6026,   Z 增量 = 0.0000
```

图 7-16　"距离"查询结果

（2）可调出"查询"工具栏，点击"距离"命令图标 ▦ 。其余操作同上。

（3）在命令行中键入命令"Dist"（简化命令为 Di），并按 < Enter > 键或单击鼠标右键确认。其余操作同上。

7.4.2　面积查询

AutoCAD 中面积查询命令可以计算一系列指定点之间的面积和周长，或计算多种对象的面积和周长。此外，该命令还可使用加模式和减模式来计算组合面积。

（1）在"工具"的下拉菜单中，选择"查询"/"面积"选项（图 7-17）。

命令行会出现提示，要求指定第一个角点或 [对象（O）/加（A）/减（S）]：

1）用给出角点的方式查询图形面积：

① 用鼠标左键指定需查询面积图形的第一个角点，则命令行出现提示，要求指定下一个角点。

② 根据提示用鼠标左键指定一系列角点，AutoCAD 将其视为一个封闭多边形的各个顶点，并计算和报告该封闭多边形的面积和周长（见图 7-18）。

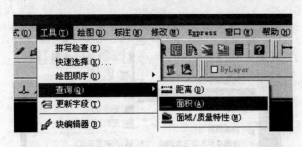

<table>
<tr><td align="center">图 7-17　"查询"/"面积"菜单</td><td align="center">图 7-18　"面积"查询结果</td></tr>
</table>

2）用给出对象的方式查询图形面积：

① 选择"对象"选项：在命令行输入"O"并回车确认，提示要求选择对象。

② 根据需要选择需查询面积的图形对象，AutoCAD 将计算和报告该对象的面积和周长。

可被"Area"命令所使用的对象包括圆、椭圆、样条曲线、多段线、正多边形、面域和实体等。图 7-19 为面积计算示意图。

注意：

1）在计算某对象的面积和周长时，如果该对象不是封闭图形，则系统在计算面积时认为该对象的第一点和最后一点间通过直线进行封闭；在计算周长时则为对象之实际长度，而不考虑对象的第一点和最后一点间之距离。

2）在通过上述两种方式进行计算时，均可使用"加（Add）"模式和"减（Subtract）"模式进行组合计算。

① Add（加）：使用该选项计算某个面积时，系统除了报告该面积和周长的计算结果之外，还在总面积中加上该面积。

② Subtract（减）：使用该选项计算某个面积时，系统除了报告该面积和周长的计算结果之外，还在总面积中减去该面积。

例如图 7-20a 中在加模式下选择对象一，在减模式下选择对象二，则总面积为对象一和对象二之间部分。图 7-20b 中分别在加模式下选择对象一和对象二，则总面积为面积一和面积二之和。

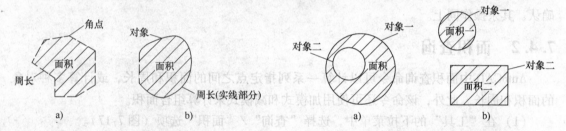

图 7-19　面积计算示意图　　　　　　　　　　图 7-20　计算组合面积
a）计算指定点的面积和周长　　　　　　　　　a）使用减模式计算组合面积
b）计算指定对象的面积和周长　　　　　　　　b）使用加模式计算面积

（2）可调出"查询"工具栏，点击"面积"命令图标，其余操作同上。

（3）在命令行中键入命令"Area"（简化命令为 Aa），并按 < Enter > 键或单击鼠标右键确认。其余操作同上。

7.4.3　点坐标查询

该命令用于查询指定点之坐标值。

（1）在"工具"的下拉菜单中，选择"查询"／"点坐标"选项（见图 7-21）。

1）在命令行出现提示，要求指定第一个点。

2）左键拾取需要查询坐标的点，则命令行给出该点的坐标值（见图 7-22）。

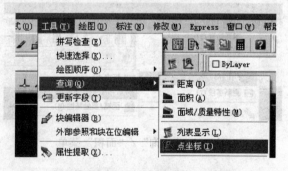

图 7-21　"查询"／"点坐标"菜单

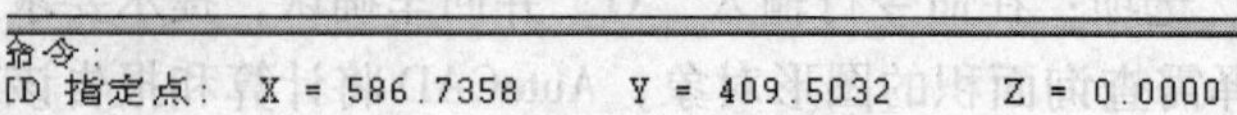

```
命令:
ID 指定点:  X = 586.7358    Y = 409.5032    Z = 0.0000
```

图 7-22　"点坐标"查询结果

（2）可调出"查询"工具栏，点击"点坐标"命令图标。其余操作同上。

（3）在命令行中键入命令"ID"，并按 < Enter > 键或单击鼠标右键确认。其余操作同上。

7.4.4　质量特性查询

　　质量特性查询命令可以计算并显示面域或实体的质量特性，如面积、质心和边界框等。

　　（1）在"工具"的下拉菜单中，选择"查询"/"面域/质量特性"选项（见图7-23）。

　　1）出现提示，要求选择对象。

　　2）用鼠标左键拾取需要查询质量特性的面域或实体，则在文本窗口中给出该对象的质量特性值（见图7-24），其值包括表7-1中所示各项（括号内内容针对于三维实体）。

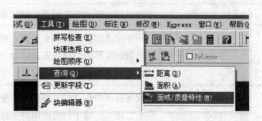

图7-23　"查询"/"面域/质量特性"菜单

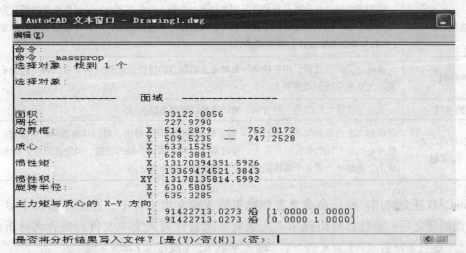

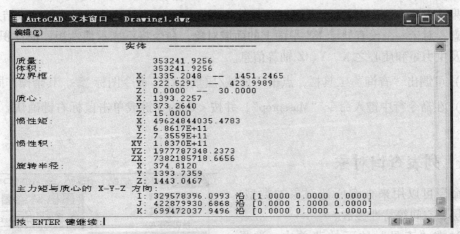

图7-24　"面域/质量特性"查询结果

表　7-1

项　目	含　义
面积（质量）	实体的表面积或面域的封闭面积（用于测量物体的惯性。由于使用的密度为1，因此质量和体积具有相同的值）
周长（体积）	面域的内环和外环的总长度。未计算实体的周长（实体包容的三维空间总量）
边界框	用于定义边界框的两个坐标。对于与当前用户坐标系的 XY 平面共面的面域，边界框由包含该面域的矩形的对角点定义。对于与当前用户坐标系的 XY 平面不共面的面域，边界框由包含该面域的三维框的对角点定义
质心	代表面域中心点的二维或三维坐标。对于与当前用户坐标系的 XY 平面共面的面域，质心是一个二维点。对于与当前用户坐标系的 XY 平面不共面的面域，质心是一个三维点（假定实体具有统一的密度）
惯性矩	面积惯性矩，在计算分布载荷（例如计算一块板上的流体压力）或计算曲梁内部应力时将要用到这个值。面积惯性矩的单位是距离的四次方［质量惯性矩，用来计算绕给定的轴旋转对象（例如车轮绕车轴旋转）时所需的力。］
惯性积	面域之面积惯性积，用来确定导致对象运动的力的特性。计算时通常考虑两个正交平面。值表示为质量乘以距离的平方
旋转半径	表示实体惯性矩的另一种方法。旋转半径以距离单位表示
主力矩和质心之 X、Y、Z 轴	面积之主力矩和质心之 X、Y、Z 轴。根据惯性积计算得出，它们具有相同的单位值。穿过对象形心的某个轴的惯性矩值最大。穿过第二个轴（第一个轴的法线，也穿过形心）的惯性矩值最小。由此导出第三个惯性距值，介于最大值与最小值之间

　　AutoCAD 还允许用户将该命令之查询结果写入到文本文件中，在文本窗口中显示质量特性查询结果之后，系统将给出提示"是否将质量特性写入文本文件：是否将分析结果写入文件？［是（Y）/否（N）］＜否＞："输入 y 或 n，（或按＜Enter＞键）。

　　如果输入 y，将提示输入文件名，可按第 1 章介绍的方法以文件的形式保存该结果。

　　注意：对于一个没有处于 XY 平面上的面域对象，命令将不显示惯性矩、惯性积、旋转半径以及主力矩和质心之 X、Y、Z 轴等信息。

　　（2）可调出"查询"工具栏，点击"面域/质量特性"命令图标 ▓。其余操作同上。

　　（3）在命令行中键入命令"Massprop"，并按＜Enter＞键或单击鼠标右键确认。其余操作同上。

7.4.5　列表查询对象

　　该命令可以用来查询所选对象的类型、所属图层、空间等特性参数。

　　（1）在"工具"的下拉菜单中，选择"查询"／"列表显示"选项（见图7-25）。

　　1）在命令行会出现提示，要求选择对象。

　　2）用5.1节介绍的选择对象方法选择需

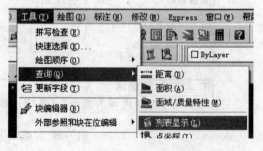

图7-25　查询"列表显示"菜单

要查询参数的对象并按 < Enter > 键确认，则在文本窗口中给出该对象的类型、图层及相关参数（对象类型不同参数内容不同，图 7-26 中分别为直线、正方形、圆、面域、实体的查询结果）。

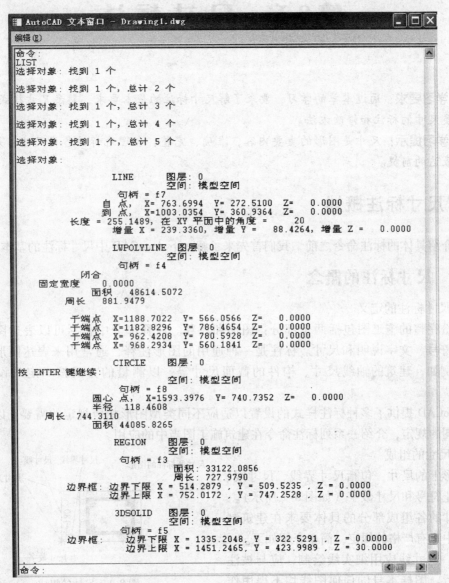

图 7-26　"列表显示"查询结果

（2）可调出"查询"工具栏，点击"列表显示"命令图标 。其余操作同上。

（3）在命令行中键入命令"List"（简化命令为 LI 或 LS），并按 < Enter > 键或单击鼠标右键确认。其余操作同上。

第8章 尺寸标注

✲ 学习要求：通过本章的学习，要求了解尺寸标注的基本要求，熟悉尺寸样式的设置，掌握各类尺寸的标注和修改方法。

✲ 学习提示：尺寸是图形的重要内容，准确、完整、合理地标注各类尺寸，是各类图形正确表达的前提。

8.1 尺寸标注概述

在介绍具体的标注命令之前，我们首先来了解一下 AutoCAD 中尺寸标注的基本知识。

8.1.1 尺寸标注的概念

1. 尺寸标注的定义

一份完整的施工图包括两个部分：图形和注释。注释部分中包括可以表达图形相关信息的符号、文字说明和尺寸。标注是一种通用的图形注释，通常用来表达图形的相关尺寸，例如，建筑的轴线尺寸、构件的截面尺寸等，以测量的方式按一定的设定比例显示。

AutoCAD 提供了多种标注样式的设置以适应不同类型图形相应规定的需要。以下根据建筑制图的规定，介绍一系列标注命令在建筑施工图当中的应用。

2. 尺寸的组成

图形上的尺寸，包括尺寸界线、尺寸线、尺寸起止符号和尺寸数字（如图 8-1 所示）。

尺寸的各组成部分的具体要求在建筑制图标准中都有严格的规定，简单介绍如下。

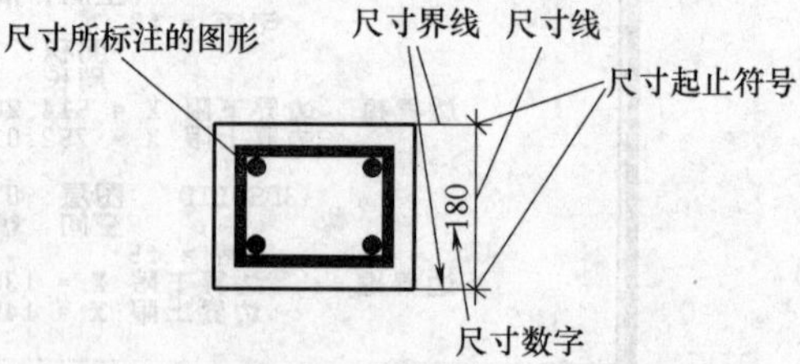

图 8-1 尺寸的组成

（1）尺寸线应用细实线绘制，应与被注长度平行。图样本身的任何图线均不得用作尺寸线。

（2）尺寸界线应用细实线绘制，一般应与被注长度垂直，其一端应离开图样轮廓线不小于 2mm，另一端宜超出尺寸线 2 ~ 3mm。图样轮廓线可用作尺寸界线。

（3）尺寸起止符号一般用中粗斜短线绘制，其倾斜方向应与尺寸界线成顺时针 45°角，长度宜为 2 ~ 3mm。半径、直径、角度与弧长的尺寸起止符号，宜用箭头表示。

（4）尺寸数字是实物的实际尺寸，建筑图形当中，除标高单位为 m 外，其余尺寸单位均为 mm，标注尺寸时不注明单位，只标注数字。尺寸数字不得与任何图线交叉重叠，必要时打断图线，以保证数字清晰。

8.1.2　尺寸标注的关联性

一般情况下，AutoCAD 将组成尺寸的尺寸界线、尺寸线、尺寸起止符号和尺寸数字以块的形式组合在一起形成一个整体，并与所标注的对象之间建立一定的联系，这样比较有利于尺寸标注的编辑和修改，软件以"关联性"来体现这种联系，并提供了三种关联性使用户可以根据不同需要进行选择，这三种关联性通过系统变量 Dimassoc 的不同取值来控制。

1. 关联标注

此时 Dimassoc 的取值为 2，是默认值。采用此种关联性时，尺寸与所标注的对象为一个整体，当所标注的对象大小发生变化时，其尺寸的所有成员均发生相应变化，即尺寸标注始终与标注对象保持一致。

2. 无关联标注

此时 Dimassoc 的取值为 1。采用此种关联性时，尺寸与所标注的对象不是一个整体，但尺寸的所有成员为一个整体，当所标注的对象大小发生变化时，其尺寸的所有成员不发生任何变化，在这种情况下，要想使它们保持一致，须同时修改对象和尺寸。

3. 分解标注

此时 Dimassoc 的取值为 0。采用此种关联性时，尺寸与所标注的对象不是一个整体，尺寸的所有成员也不是一个整体，当所标注的对象大小发生变化时，其尺寸的所有成员不发生任何变化，在这种情况下，要想使它们保持一致，须同时修改对象和尺寸的所有成员。

8.1.3　尺寸标注的步骤

1. 建立图层

为尺寸标注建立一个独立的图层，以与图形的其他信息分开，对于编辑修改复杂图形非常有利。可根据需要采用图层管理当中的关闭、冻结、锁定功能对标注所在图层进行控制，这样在编辑修改图形时就可以不受标注尺寸的干扰，加快绘图速度。

2. 创建标注样式

对标注所采用的样式根据需要进行相关参数的设置，使标注符合相关行业绘图的标准。

3. 尺寸标注

根据需要选择相应的标注命令进行标注。

8.2　创建尺寸标注样式 （DimStyle）

创建尺寸标注样式命令（DimStyle）用于进行设置图形标注尺寸的数字大小及方向、尺寸截止符的形式及长短、尺寸界线及尺寸线的相关参数等。该命令有三种操作方式。

（1）在"格式"的下拉菜单中，选择"标注样式"选项，会出现如图 8-2 所示的"标注样式管理器"对话框。在此对话框下，可以选择系统默认的 ISO-25 样式作为基本模式修改，也可以新建尺寸标注样式。

1）新建尺寸标注样式。

① 点击"新建"按钮，出现如图 8-3 所示的"创建新标注样式"对话框。

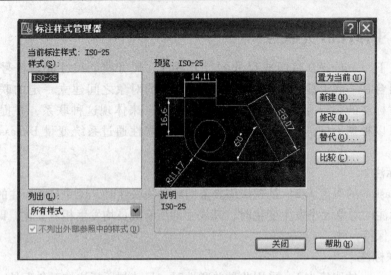

图 8-2 "标注样式管理器"对话框

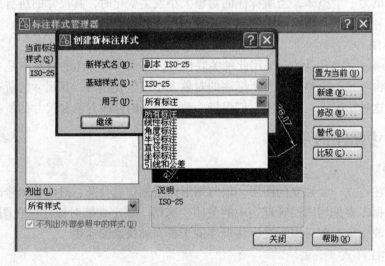

图 8-3 "创建标注样式"对话框

在"新样式名"后输入所设置标注样式的名称。在"用于"下拉列表框中，根据所设置的标注样式使用范围，选择相应的选项：选择"所有标注"，表示该设置对所有标注均有效；选择"线性标注"，表示该设置只用于线性标注；以此类推。通常基本样式选择"所有标注"，点击"继续"按钮出现如图 8-4 所示的"新建标注样式"对话框，它包括：直线、符号和箭头、文字、调整、主单位、换算单位、公差七大类的参数设置。

②在"直线"（图 8-5）选项卡的参数设置"尺寸线"一项里，根据需要选择所需尺寸线的颜色、线型、线宽、超出标记的尺寸（通常为 0 ~ 3）及基线的间距（通常建筑图中为 8）在相应的栏目中，然后在需要隐藏的尺寸线选项前勾选（通常不选）；在"尺寸界线"一项里，根据需要选择所需尺寸界线的颜色、线宽、超出尺寸线的尺寸（通常为 1 ~2.5）及其起点的偏移量在相应的栏目中，然后在需要隐藏的尺寸界线选项前勾选（通常不选）；如果需要尺寸界线为固定长度，则在"固定长度的尺寸界线"选项前勾选（图 8-6）

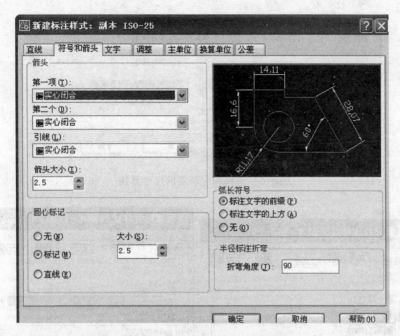

图 8-4 "新建标注样式"对话框

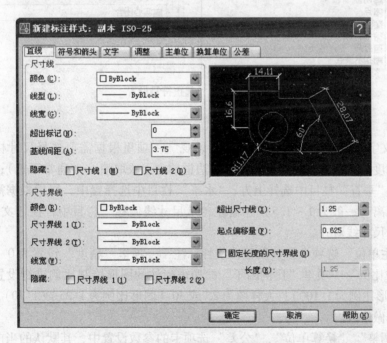

图 8-5 尺寸线及尺寸界线设置

并在"长度"选项中输入需要的尺寸，则标注的尺寸线按固定长度的尺寸界线标注。此时，起点偏移量会随着尺寸线的位置不同而不同。

③ 在"符号和箭头"选项卡（图 8-4）的参数设置"箭头"一项里，第一个和第二个栏目中选择"建筑标记"，在"箭头大小"栏目中输入需要的截止符尺寸（通常默认 2.5 即可），如图 8-7 所示。其他选项（圆心、弧长、折弯半径）可在需要此类标注时根据需要设

图 8-6　选择固定长度的尺寸界线

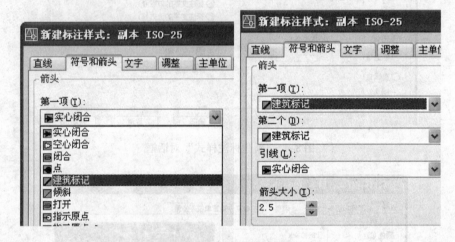

图 8-7　尺寸起止符号设置

置相应参数。

④在"文字"选项卡参数设置"文字外观"一项里根据需要选择尺寸标注的字体样式、颜色及高度，然后根据需要在绘制文字边框前点上或取消√（通常不选）；在"文字位置"一项里，"垂直"栏目中选择上方，"水平"栏目中选择置中，然后根据需要选择文字与尺寸线的距离（一般为1~1.5）并输在"从尺寸线偏移"栏目中；在"文字位置对齐"一项里选择与尺寸线对齐。

⑤在"主单位"选项卡参数设置"线性标注"一项里"精度"设置为0（保留整数）；在"测量单位比例"一项里"比例因子"按照需标注的图形绘制比例进行设置：一般平面图为100（图形比例为1:100）；大样图为25或30（图形比例为1:25或1:30），如图8-8所示。其他可不做修改。

⑥在"调整"、"换算单位"、"公差"选项卡的参数设置中，其默认的当前设置一般可不进行修改。

⑦设置完毕后点击确认按钮，回到"标注样式管理器"对话框。在此对话框下，点击"关闭"，则设置完成并退出；如需使用新建样式，则点击该样式名，并点击"置为当前"按钮（见图8-9），然后点击"关闭"退出，则标注按新建的标注样式进行。

2）修改已有尺寸标注样式。

①在"标注样式管理器"对话框中，点击"样式"一栏中需要修改的标注样式名，再

点击"修改"按钮（见图 8-10），出现如图 8-11 所示"修改标注样式"对话框。

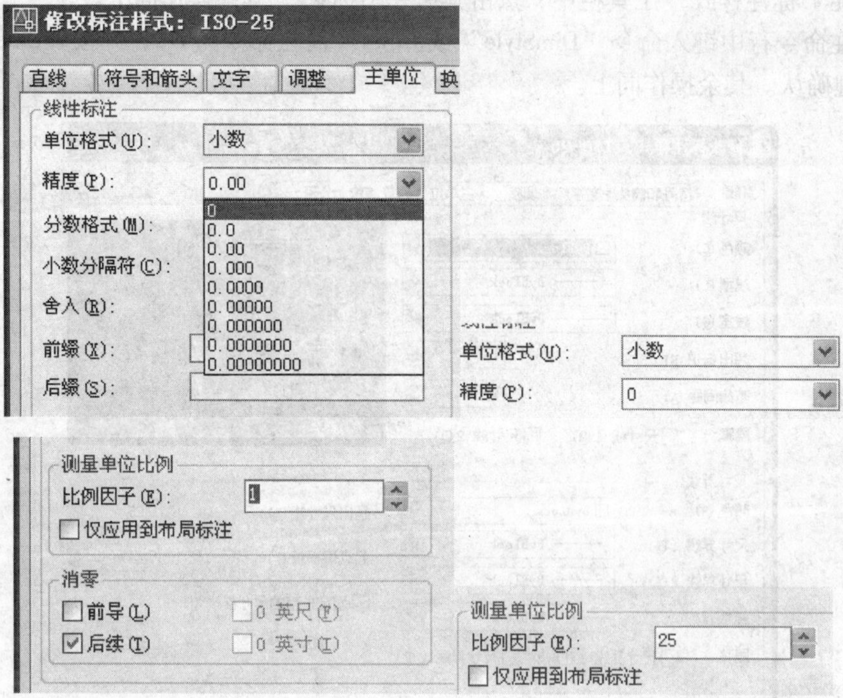

图 8-8 图形标注比例及精度设置

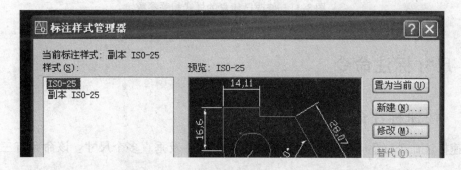

图 8-9 将新建标注样式置为当前使用的样式

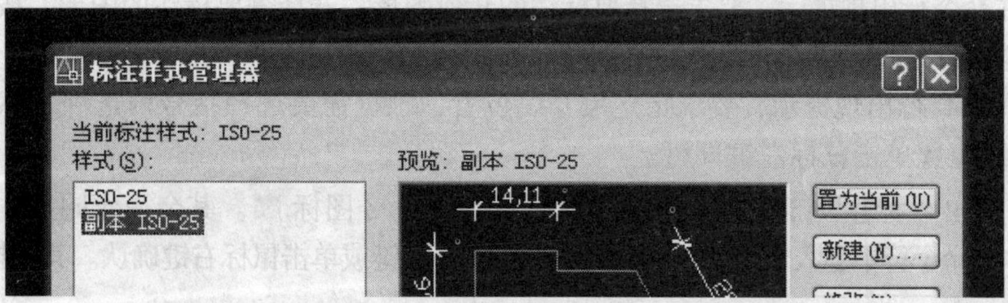

图 8-10 修改已建立的样式

② 按照1）当中的②～⑥的步骤，根据需要进行相应项目的修改，修改完毕后退出。

（2）在"标注样式"工具栏中，点击其命令图标 ◢。其余操作同上。

（3）在命令行中键入命令"DimStyle"或 Ddim（简化命令为 D），并按 < Enter > 键或单击鼠标右键确认。其余操作同上。

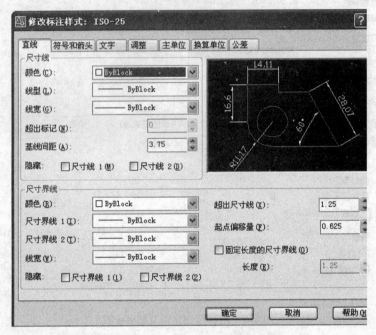

图 8-11　修改已建立的样式相关参数

8.3　尺寸标注命令

8.3.1　快速标注命令（Qdim）

快速标注命令（Qdim）用于快速标注图形的水平及垂直多个尺寸。该命令有三种操作方式。

（1）在"标注"的下拉菜单中，选择"快速标注"选项。

1）在命令行出现提示，要求选择要标注的几何图形，选择需要标注的图形，按 < Enter > 键或单击鼠标右键确认。

2）在命令行出现提示，要求指定尺寸线位置，根据需要选择括号内选项，然后给出需要的尺寸线位置单击鼠标左键即可。

（2）调出"标注"工具栏，点击"快速标注"命令图标 ⊠。其余操作同上。

（3）在命令行中键入命令"Qdim"，并按 < Enter > 键或单击鼠标右键确认。其余操作同上。

8.3.2　线性标注命令（Dimlinear）

线性标注命令（Dimlinear）通常用于标注两点之间的水平及竖向尺寸，是建筑绘图中最常用的基础标注类型，也可标注两点之间的任意角度方向尺寸。该命令有三种操作方式。

（1）在"标注"的下拉菜单中，选择"线性"选项。

1）在命令行出现提示，要求指定第一条尺寸界线原点或<选择对象>。

2）单击鼠标左键选择需要标注图形的第一条尺寸界线原点（此时应打开"对象捕捉"功能，下同）；在命令行出现提示，要求指定第二条尺寸界线原点，单击鼠标左键选择需要标注图形的第二条尺寸界线原点，在命令行会出现提示，要求指定尺寸线位置，根据需要选择括号内选项，然后给出需要的尺寸线位置单击鼠标左键即可。

括号内选项说明：

① 多行文字（M）：打开多行文字编辑来编辑标注文字。

② 文字（T）：在命令行输入自定义标注文字。

③ 角度（A）：设置标注文字的方向角。

④ 水平（H）：标注水平尺寸。

⑤ 垂直（V）：标注垂直尺寸。

⑥ 旋转（R）：设置尺寸线角度。选择此项时，所标注的尺寸是与所设定角度方向平行的两点之间的距离。

也可按<Enter>键或单击鼠标右键选择对象，则在命令行会出现提示，要求选择标注对象，单击鼠标左键选择需要标注的图形，在命令行会出现提示，要求指定尺寸线位置，根据需要选择括号内选项，然后给出需要的尺寸线位置单击鼠标左键即可。

（2）在"标注"工具栏中，点击"线性标注"命令图标 。其余操作同上。

（3）在命令行中键入命令"Dimlinear"，并按<Enter>键或单击鼠标右键确认。其余操作同上。

8.3.3 对齐标注命令（Dimaligned）

对齐标注命令（Dimaligned）用于标注与两点连线平行方向的尺寸，主要用于标注倾斜的尺寸。在建筑绘图中，楼梯斜板的尺寸标注用该命令非常方便（如图 8-12 中斜向钢筋尺寸及板厚）。该命令有三种操作方式。

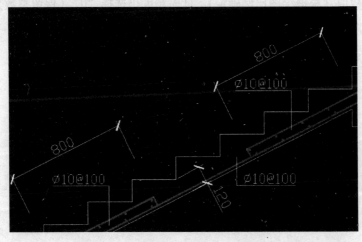

图 8-12 楼梯的斜向钢筋尺寸及板厚标注

（1）在"标注"的下拉菜单中，选择"对齐"选项。

1）在命令行出现提示，要求指定第一条尺寸界线原点或 < 选择对象 >。

2）单击鼠标左键选择需要标注图形的第一条尺寸界线原点；在命令行会出现提示，要求指定第二条尺寸界线原点，单击鼠标左键选择需要标注图形的第二条尺寸界线原点，在命令行出现提示，要求指定尺寸线位置，根据需要选择括号内选项，然后给出需要的尺寸线位置单击鼠标左键即可。

括号内选项含义与"线性标注"相同。

也可按 < Enter > 键或单击鼠标右键选择对象，则在命令行会出现提示，要求选择标注对象，单击鼠标左键选择需要标注的图形，在命令行会出现提示，要求指定尺寸线位置，根据需要选择括号内选项，然后给出需要的尺寸线位置单击鼠标左键即可。

（2）在"标注"工具栏中，点击"对齐标注"命令图标 ↘。其余操作同上。

（3）在命令行中键入命令"Dimaligned"，并按 < Enter > 键或单击鼠标右键确认。其余操作同上。

8.3.4　半径标注命令（Dimradius）

半径标注命令（Dimradius）用于标注圆或圆弧的半径尺寸。该命令有三种操作方式。

（1）在"标注"的下拉菜单中，选择"半径"选项。

1）在命令行出现提示，要求选择圆或圆弧。

2）单击鼠标左键选择需要标注的圆或圆弧；在命令行会出现提示，要求指定尺寸线位置，根据需要选择括号内选项，然后给出需要的尺寸线位置单击鼠标左键即可。

（2）在"标注"工具栏中，点击"半径标注"命令图标 ⊘。其余操作同上。

（3）在命令行中键入命令"Dimradius"，并按 < Enter > 键或单击鼠标右键确认。其余操作同上。

注意：使用该标注时，应新建仅用于半径标注的子样式（见图 8-13），并使其标注样式中的"箭头"一项选择"实心闭合"形式（见图 8-14），同时在"主单位"的"比例因子"一项中输入合适的数值（根据绘图比例确定），此时精度仍选择"0"（保留整数）（见图 8-15）。

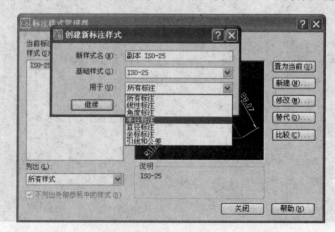

图 8-13　建立的用于半径标注的子样式

图 8-14 用于半径标注的子样式"箭头"形式

8.3.5 直径标注命令 (Dimdiameter)

直径标注命令（Dimdiameter）用于标注圆或
圆弧的直径尺寸。该命令有三种操作方式。

（1）在"标注"的下拉菜单中，选择"直
径"选项。

1）在命令行出现提示，要求选择圆或圆弧。

2）单击鼠标左键选择需要标注的圆或圆弧；
在命令行会出现提示，要求指定尺寸线位置，根
据需要选择括号内选项，然后给出需要的尺寸线
位置单击鼠标左键即可。

（2）在"标注"工具栏中，点击"直径标
注"命令图标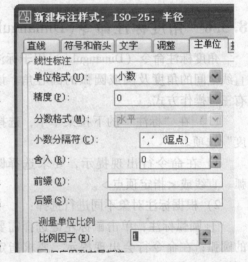。其余操作同上。

图 8-15 根据绘图比例确定"比例因子"

（3）在命令行中键入命令"Dimdiameter"，
并按＜Enter＞键或单击鼠标右键确认。其余操作同上。

注意：使用该标注时，应新建仅用于直径标注的子样式（见图 8-16），并使其标注样式中
的"箭头"一项选择"实心闭合"形式（见图 8-17），并在"主单位"的"比例因子"一项
中输入合适的数值（根据绘图比例确定），此时精度仍选择"0"（保留整数）（见图 8-18）。

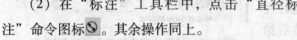

图 8-16 建立的用于直径标注的子样式

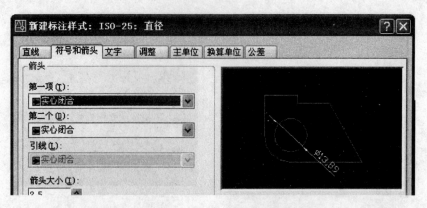

图 8-17　用于直径标注的子样式"箭头"形式

8.3.6　角度标注命令(Dimangular)

角度标注命令（Dimangular）用于标注两条直线之间的角度及圆或圆弧的圆心角。该命令有三种操作方式。

（1）在"标注"的下拉菜单中，选择"角度"选项。

1）在命令行出现提示，要求选择圆、圆弧、直线或＜指定顶点＞。

2）根据标注对象不同进行选择：

① 圆弧标注：单击鼠标左键选择需要标注的圆弧；在命令行会出现提示，要求指定标注弧线位置，根据需要选择括号内选项，然后给出需要的标注弧线位置单击鼠标左键即可。

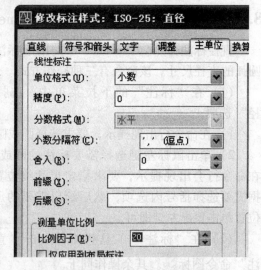

图 8-18　根据绘图比例确定"比例因子"

② 圆标注：用鼠标左键点击需要标注的圆（选择点为需要标注角的第一个端点）；在命令行会出现提示，要求指定角的第二个端点，用鼠标左键点击需要标注角的第二个端点；在命令行会出现提示，要求指定标注弧线位置，根据需要选择括号内选项，然后给出需要的标注弧线位置单击鼠标左键即可。

③ 两条直线之间夹角标注：用鼠标左键点击需要标注角的第一条直线，在命令行会出现提示。要求选择第二个条直线，用鼠标左键点击需要标注角的第二条直线；在命令行会出现提示，要求指定标注弧线位置，根据需要选择括号内选项，然后给出需要的标注弧线位置单击鼠标左键即可。

④ 任意角标注：直接按＜Enter＞键或单击鼠标右键采用默认项"指定顶点"的方式，则在命令行会出现提示，要求指定角的顶点，单击鼠标左键选择需要标注的角的顶点，在命令行会出现提示，要求指定角的第一个端点，用鼠标左键点击需要标注角的第一个端点；在命令行会出现提示，要求指定角的第二个端点，用鼠标左键点击需要标注角的第二个端点；在命令行会出现提示，要求指定标注弧线位置，根据需要选择括号内选项，然后给出需要的标注弧线位置单击鼠标左键即可。

（2）在"标注"工具栏中，点击"角度标注"命令图标△。其余操作同上。

（3）在命令行中键入命令"Dimangular"，并按＜Enter＞键或单击鼠标右键确认。其余操作同上。

注意：使用该标注时，应新建仅用于角度标注的子样式（见图 8-19），并使其标注样式中的"箭头"一项选择"实心闭合"形式（见图 8-20）。

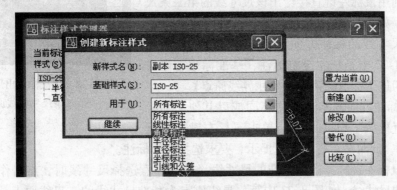

图 8-19　建立的用于角度标注的子样式

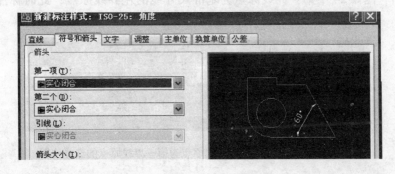

图 8-20　用于角度标注的子样式"箭头"形式

8.3.7　连续标注命令（Dimconinue）

连续标注命令（Dimconinue）用于以已标注的尺寸线为基准，以其中一端为第一点，此后以每次标注的第二点为起点，连续给出第二点而进行连续标注尺寸，使用该命令使连续标注的尺寸线与基准标注的尺寸线位置相同（如图 8-21 中右侧的两个标注是以左侧第一个线性标注为基准，采用连续标注命令进行的标注）。该命令有三种操作方式。

图 8-21　连续标注命令效果

（1）在"标注"的下拉菜单中，选择"连续"选项。

1）有两种情况。

第一种情况：若在此之前刚刚进行了一定的基础标注（如基线标注、对齐标注等），则在命令行会出现提示，要求指定第二条尺寸界线原点或［放弃（U）/选择（S）］<选择>。

① 如果以刚标注的尺寸线为基准，并且标注方向与其相同，则用鼠标左键直接给出该尺寸线的第二条尺寸界线原点，如图 8-22 中右侧柱子轴线的交点（此时系统默认该尺寸线的标注方向与基准尺寸线的方向相同，即在图 8-22 中是从左至右标注，基准标注右侧尺寸界线原点为连续标注的第一个尺寸界线原点）。

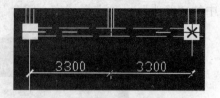

图 8-22　用鼠标给出尺寸线的第二条尺寸界线原点

② 如果标注方向与基准标注不同或以其他尺寸线为基准，则直接按<Enter>键或单击鼠标右键选择默认项"选择"，此时命令行会出现提示，要求选择连续标注。

● 点击鼠标左键选择作为基准的尺寸线（此时注意选择尺寸线时，点击作为第一界线原点那一侧的尺寸线。如图 8-23 中第一界线原点为基准尺寸线的右界线原点，此时标注方向为从左至右；图 8-24 中第一界线原点为基准尺寸线的左界线原点，此时标注方向为从右至左）。

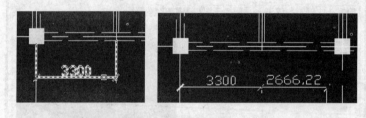

图 8-23　基准尺寸线的右界线原点为第一界线原点的选择位置

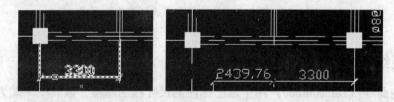

图 8-24　基准尺寸线的左界线原点为第一界线原点的选择位置

● 命令行会出现提示，要求指定第二条尺寸界线原点或［放弃（U）/选择（S）］<选择>，则用鼠标左键直接给出该尺寸线的第二个界线原点。

第二条尺寸线标注完成如图 8-25 所示。

第二种情况：若在此之前未进行基础标注（编辑修改刚打开的图形），则在命令行会出现提示，要求选择连续标注，此时操作同前。

2）在命令行会出现提示，继续要求指定第二条尺寸界线原点，单击鼠标左键继续选择需要标注尺寸的第二条尺寸界线原点，此时以选择的基准尺寸线为

图 8-25　与基准标注对应的连续标注的第二条尺寸线

基线标注第三条尺寸线，继续选择标注第四条……第 *N* 条尺寸线，直到不需要标注为止（图 8-26 为以左侧第一条尺寸线为基准标注的五条尺寸线）。

图 8-26　与基准标注对应的连续标注的五条尺寸线

3）按＜Enter＞键或单击鼠标右键，在命令行会出现提示，要求选择连续标注，可继续选择需要标注多条尺寸线的第二个基准的尺寸线，其余操作同上。

4）按＜Enter＞键或单击鼠标右键，在命令行会出现提示，要求选择连续标注，按＜Enter＞键或单击鼠标右键退出命令，操作完成。多条尺寸线均与基准标注的尺寸线位置相同。采用此命令无需给出尺寸线位置，只给出需要标注的尺寸界线原点即可，系统会自动与基准标注找齐。

（2）在"标注"工具栏中，点击"连续标注"命令图标 ⊞。其余操作同上。

（3）在命令行中键入命令"Dimconinue"，并按＜Enter＞键或单击鼠标右键确认。其余操作同上。

8.3.8　基线标注命令（Dimbaseline）

基线标注命令（Dimbaseline）用于以已标注的尺寸线为基线，与设置的基线间距等距离地连续标注第二道、第三道……第 *N* 道尺寸线。建筑制图中通常最多标注三道尺寸线。该命令有三种操作方式。

（1）在"标注"的下拉菜单中，选择"基线"选项。

1）有两种情况：

第一种情况：若在此之前刚刚进行了一定的基础标注（如基线标注、对齐标注等），则在命令行会出现提示，要求指定第二条尺寸界线原点或［放弃（U）/选择（S）］＜选择＞。

① 如果以刚标注的尺寸线为基准，并且第一个界线原点与其相同，则用鼠标左键直接给出该尺寸线的第二条尺寸界线原点，如图 8-27 中右侧柱子轴线的交点（此时系统默认该尺寸线的第一界线原点与基准尺寸线的第一界线原点相同，如图 8-28 左侧柱子的轴线交点为尺寸线的第一界线原点）。

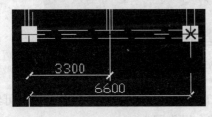

图 8-27　用鼠标给出尺寸线的　　　　　　图 8-28　系统默认的尺寸线的第一界线原点
　　　　　第二条尺寸界线原点　　　　　　　　　　　与基准尺寸线的第一界线原点相同

② 如果以其他尺寸线为基准，则直接按＜Enter＞键或单击鼠标右键选择默认项"选

择"，此时命令行会出现提示，要求选择基准标注。

● 用鼠标左键点击选择作为基准的尺寸线（此时注意选择尺寸线时，点击作为第一界线原点那一侧的尺寸线。如图 8-29 中第一界线原点为基准尺寸线的左界线原点；图 8-30 中第一界线原点为基准尺寸线的右界线原点）。

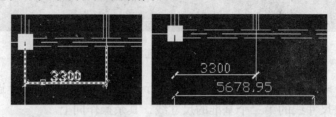

图8-29　基准尺寸线的左界线原点为第一界线原点的选择位置

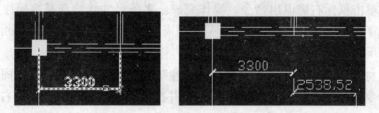

图 8-30　基准尺寸线的右界线原点为第一界线原点的选择位置

● 命令行会出现提示，要求指定第二条尺寸界线原点或［放弃（U）/选择（S）］＜选择＞，用鼠标左键直接给出该尺寸线的第二个界线原点。

第二种情况：若在此之前未进行基础标注（编辑修改刚打开的图形），则在命令行会出现提示，要求选择基准标注，此时操作同前。

2）在命令行会出现提示，继续要求指定第二条尺寸界线原点，单击鼠标左键继续选择需要标注尺寸的第二条尺寸界线原点，此时以选择的基准尺寸线为基线标注第三道尺寸线，继续选择则标注第四道……第 N 道尺寸线，直到不需要标注为止（图 8-31 为以左上侧第一条尺寸线为基准标注的三道尺寸线）。

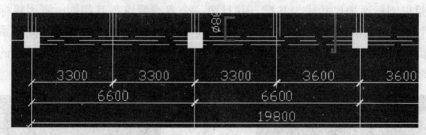

图 8-31　采用基线标注命令标注的三道尺寸线

3）按＜Enter＞键或单击鼠标右键，在命令行会出现提示，要求选择基准标注，可继续选择需要标注多道尺寸线的第二个基准的尺寸线，其余操作同上。

4）按＜Enter＞键或单击鼠标右键，在命令行会出现提示，要求选择基准标注，按＜Enter＞键或点击鼠标右键退出命令，操作完成，每个多道尺寸线间以设置的基线间距等距离标注。

（2）在"标注"工具栏中，点击"基线标注"命令图标。其余操作同上。

（3）在命令行中键入命令"Dimbaseline"，并按 < Enter > 键或单击鼠标右键确认。其余操作同上。

8.3.9 引线标注命令（Qleader）

引线标注命令（Qleader）用于引出标注一些说明、图的序号等。如图 8-32 中的钢筋标注及 TL-1（楼梯梁）。该命令有三种操作方式。

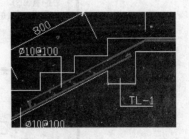

（1）在"标注"的下拉菜单中，选择"引线"。

1）在命令行出现提示，要求指定第一个引线点或〔设置（S）〕< 设置 >，通常先进行关于引线标注的相关参数设置，按 < Enter > 键或单击鼠标右键选择默认选项"设置"，出现如图 8-33 所示对话框。参数设置共有三部分内容：注释、引线和箭头、附着。

图 8-32 采用引线标注命令标注的构件符号及钢筋标注

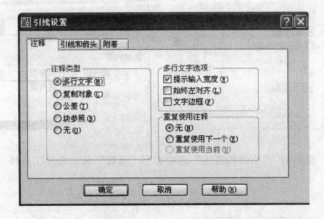

图 8-33 "引线设置"对话框"注释"选项卡内容

① 注释：如图 8-33 所示，为初始设置时的默认显示内容。有"注释类型"、"多行文字选项"、"重复使用注释"三个内容，可根据需要进行选择设置。通常情况下，系统默认项即可，这部分内容可不进行修改。

② 引线和箭头：如图 8-34 所示，有"引线"、"点数"、"箭头"、"角度约束"四个内容。

● 引线："直线"和"样条曲线"是指引线标注时引出线的形式，一般为直线即为系统默认项。如需要引出线为样条曲线，则点选该项。

● 点数：根据组成引出线的点数确定（引出线段数量加1），通常3点即可（默认数），但为方便使用，选择"无限制"较好。即勾选"无限制"选项（如图 8-35 左）。

● 箭头：是选择引出线端部的符号，可根据需要在下拉列表中选择（图 8-36），默认为实心闭合箭头。图 8-32 中钢筋及 TL-1 标注均为"无"选项（图 8-36 右）。

● 角度约束：是对引出线前两段的角度设置，可根据需要在下拉列表中选择（如图 8-35 右），但通常此项不进行修改，采用默认选项"任意角度"比较灵活。如需要特殊角度，可结合精确绘图辅助工具"正交"、"追踪"、"极轴"等使用。

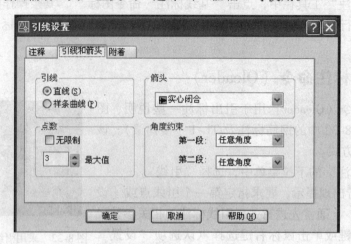

图 8-34 "引线和箭头"选项卡内容

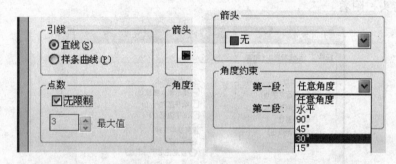

图 8-35 "引线和箭头"选项卡中"点数"和"角度"选择

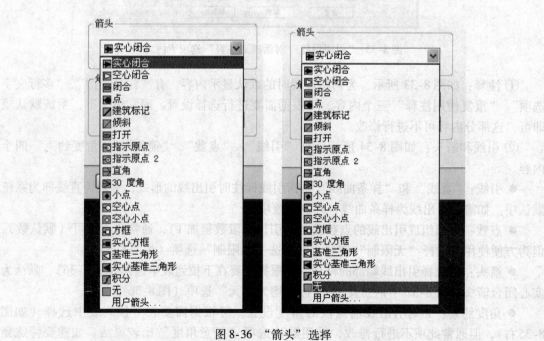

图 8-36 "箭头"选择

　　③ 附着：如图 8-37 所示。根据所需要的引线标注中文字的位置（引线指向文字的位置）进行选择。包括：当文字在引线左边时文字的位置、当文字在引线右边时文字的位置、文字在引线上面三部分内容。

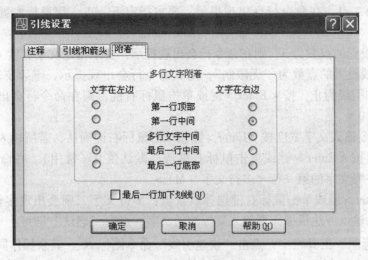

图 8-37 "附着" 选项卡内容

选项含义：
- 第一行顶部：引线指向标注文字第一行的字顶。
- 第一行中间：引线指向标注文字第一行字的中部。
- 多行文字中间：引线指向标注文字中间一行字的中部。
- 最后一行中间：引线指向标注文字最后一行字的中部。
- 最后一行底部：引线指向标注文字最后一行字底。
- 最后一行加下划线：文字在引线上面（常用）。

　　选择前五项时，点选各相应项的单选按钮（见图 8-37）；选择最后一项时，勾选该项（图 8-38），此时前面各项不可选择。

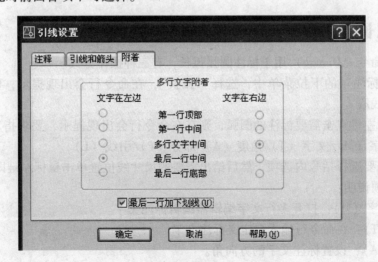

图 8-38　文字在引出线的上面时的选项

设置完成后点击"确定"按钮，在命令行会出现提示，要求指定第一个引线点或［设置（S)］<设置>。

2）用鼠标左键点击引线的第一点，在命令行会出现提示，要求指定下一点，用鼠标左键点击引线的第二点，在命令行会出现提示，要求指定下一点，用鼠标左键点击引线的第三点。

① 如引线设置的点数为3，则在命令行会出现提示，要求指定文字宽度<0>。

② 如果引线设置的点数为"无限制"，则在命令行会出现提示，继续要求指定下一点，直到不需要绘制引线为止，按<Enter>键或单击鼠标右键，则在命令行会出现提示，要求指定文字宽度<0>。

3）根据需要输入文字宽度按<Enter>键或单击鼠标右键确认，若所输入文字宽度不需要限制，则直接按<Enter>键或单击鼠标右键选择默认值0（常用）。在命令行会出现提示，要求输入注释文字的第一行<多行文字（M)>。

4）按<Enter>键或单击鼠标右键选择默认值：多行文字，则会出现多行文字编辑器，按照多行文字的输入方法根据需要输入要标注的文字，点击"确认"即可。

（2）在"标注"工具栏中，点击"快速引线"命令图标 。其余操作同上。

（3）在命令行中键入命令"Qleader"，并按<Enter>键或单击鼠标右键确认。其余操作同上。

8.3.10 圆心标注命令（Dimcenter）

圆心标注命令（Dimcenter）用于给圆或圆弧标注中心符号。该命令有三种操作方式。

（1）在"标注"的下拉菜单中，选择"圆心标记"，在命令行会出现提示，要求选择圆弧或圆，用鼠标左键点击需要标注的圆或圆弧，则在圆心处出现标记，该标记的大小及样式，按照需要在标注样式中进行设置。

（2）在"标注"工具栏中，点击"圆心标注"命令图标 。其余操作同上。

（3）在命令行中键入命令"Dimcenter"，并按<Enter>键或单击鼠标右键确认。其余操作同上。

8.3.11 弧长标注命令（Dimarc）

弧长标注命令（Dimarc）用于标注圆弧弧长，有三种操作方式。

（1）在"标注"的下拉菜单中，选择"弧长"，在命令行会出现提示，要求选择弧线段或多段线弧线段。

1）用鼠标左键点击需要标注的圆弧，则在在命令行会出现提示，要求指定弧长标注位置或［多行文字（M)/文字（T)/角度（A)/部分（P)/引线（L)］。

2）根据需要选择括号内选项，然后给出需要的尺寸线位置单击鼠标左键即可。

括号内选项说明：

① 多行文字（M)：打开多行文字编辑器编辑标注文字。

② 文字（T)：在命令行输入自定义标注文字。

③ 角度（A)：设置标注文字的方向角。

④ 部分（P)：标注部分弧长而不是整个弧长。

　　⑤ 引线（L）：添加引出线段。仅当圆弧的圆心角大于 90°时才显示此选项，引线指向所标注的圆弧，方向为径向，延长线通过圆心。

　　（2）在"标注"工具栏中，点击"圆心标注"命令图标 。其余操作同上。

　　（3）在命令行中键入命令"Dimarc"，并按 < Enter > 键或单击鼠标右键确认。其余操作同上。

8. 3. 12　折弯半径标注命令（Dimjogged）

　　折弯半径标注命令（Dimjogged）用于标注圆或圆弧的半径尺寸。当圆和圆弧较大，用半径标注会与其他图线交叉而妨碍图形的清晰时，用此命令，标注时尺寸线为折弯形式。该命令有三种操作方式。

　　（1）在"标注"的下拉菜单中，选择"折弯"选项。

　　1）在命令行出现提示，要求选择圆或圆弧。

　　2）单击鼠标左键选择需要标注的圆或圆弧，在命令行会出现提示，要求指定中心位置替代。

　　3）用鼠标左键点击假想圆心的位置（代替圆及圆弧的实际圆心），在命令行会出现提示，要求指定尺寸线位置或［多行文字（M）/文字（T）/角度（A）］。

　　4）根据需要选择括号内选项，给出需要的尺寸线位置，单击鼠标左键。在命令行会出现提示，要求指定折弯位置，即折弯半径标注尺寸线折弯的位置。

　　5）用鼠标左键点击折弯点，标注完成。

　　（2）在"标注"工具栏中，点击"半径标注"命令图标 。其余操作同上。

　　（3）在命令行中键入命令"Dimjogged"，并按 < Enter > 键或单击鼠标右键确认。其余操作同上。

　　注意：使用该标注时，应新建样式，并使其标注样式中的"箭头"一项选择"实心闭合"形式，在半径标注折弯一项里输入合适的折弯角度（见图8-39），并在"主单位"的"比例因子"一项中输入合适的数值（根据绘图比例确定），此时精度选择"0"（保留整数）。

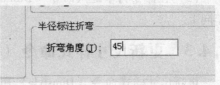

图 8-39　折弯角度设置

8. 4　编辑尺寸标注命令

8. 4. 1　修改尺寸标注命令（Dimedit）

　　修改尺寸标注命令（Dimedit）用于修改尺寸数字或改变尺寸界线的方向。该命令有两种操作方式。

　　（1）在"标注"工具栏中，点击"编辑标注"命令图标 ，在命令行会出现提示，要求输入标注编辑类型［默认（H）/新建（N）/旋转（R）/倾斜（O）］。

　　1）如需要改变尺寸界线方向，选择"倾斜"选项，输入"O"按 < Enter > 键确认，在命令行会出现提示，要求选择对象。用鼠标左键点击需要相同改变尺寸界线方向的标注，按<Enter>键或单击鼠标右键确认，则在命令行会出现提示，要求输入倾斜角度，按照需要输入倾斜角度按<Enter>键或单击鼠标右键确认即可。

2）如需修改尺寸数字，选择"新建"选项，输入"N"按<Enter>键确认，则会出现多行文字编辑器，按照多行文字的输入方法根据需要输入修改后的尺寸数字，点击"确认"，在命令行会出现提示，要求选择对象。用鼠标左键点击需要相同改变尺寸数字的标注，按<Enter>键或单击鼠标右键确认即可。

3）如需要改变标注文字的方向，选择"旋转"选项，输入"R"按<Enter>键确认，在命令行会出现提示，要求指定标注文字的角度，按照需要输入角度按<Enter>键或单击鼠标右键确认，在命令行会出现提示要求选择对象。用鼠标左键点击需要相同改变文字标注方向的标注，按<Enter>键或单击鼠标右键确认即可。

（2）在命令行中键入命令"Dimedit"，并按<Enter>键或单击鼠标右键确认。其余操作同上。

8.4.2　修改尺寸标注文本位置命令（Dimtedit）

修改尺寸标注文本位置命令（Dimtedit）用于移动尺寸数字或尺寸线的位置，该命令有两种操作方式。

（1）在"标注"工具栏中，点击"编辑标注文字"命令图标。

1）在命令行出现要求选择标注，用鼠标左键点击需要改变位置的标注，则在命令行会出现提示，要求指定标注文字的新位置或［左（L）/右（R）/中心（C）/默认（H）/角度（A）］。

2）选择需要的选项及相应的参数输入或者用鼠标左键直接给出标注新位置。

（2）在命令行中键入命令"Dimtedit"，并按<Enter>键或点击鼠标右键确认。其余操作同上。

8.4.3　更新尺寸样式命令（Dimstyle）

更新尺寸样式命令（Dimstyle）用于更新尺寸样式。当已标注的尺寸样式不符合要求时，将符合要求的样式置为当前，然后更新此标注的样式，不必重新进行标注。该命令有三种操作方式。

（1）在"标注"的下拉菜单中，选择"更新"，则在命令行出现提示，要求选择对象，选择需要更新样式的标注，按<Enter>键或单击鼠标右键确认即可。

（2）在"标注"工具栏中，点击"标注更新"命令图标。其余操作同上。

（3）在命令行中键入命令"Dimstyle"，并按<Enter>键或单击鼠标右键确认。其余操作同上。

8.4.4　利用对象特性编辑修改尺寸标注

利用对象特征编辑修改尺寸标注方式有三种。

（1）在"修改"的下拉菜单中，选择"特性"选项。

1）弹出如图8-40左图所示"特性"窗口。

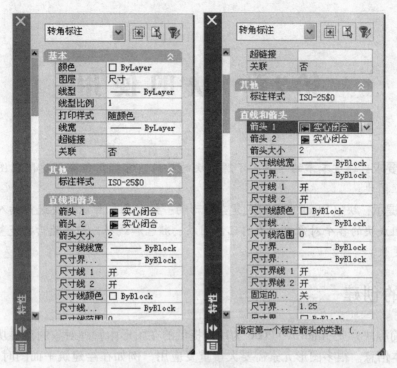

图 8-40 "对象特性" 窗口

2）点击"选择对象"图标 ，在命令行会出现"选择对象"提示。在"选择对象"提示下，可根据需要使用一种或多种第 5 章 5.1 节所介绍的选择方法选择要做相同修改的同类标注。

3）选择完毕后按 < Enter > 键或单击鼠标右键确认，则"特性"窗口显示所选择标注的现有特性，包括：图层、颜色、样式、测量单位等该标注的所有内容。

4）可用鼠标左键在需要修改的内容处点击，该处将变化颜色如图 8-40 右图所示，此时可以进行相应修改。

（2）在标准工具栏中点击"对象特性"命令图标。其余操作同上。

（3）在命令行中键入命令"Properties"（简化命令为 PR），并按 < Enter > 键或单击鼠标右键确认。其余操作同上。

第9章 块的使用

✱ **学习要求**：通过本章的学习，了解图块的功能，掌握用命令创建附属图块，学会用命令创建独立图块。

✱ **学习提示**：块（Block）是组成复杂图形的一组对象。可以对块进行插入、缩放和旋转等操作。组成块的各个对象可以有自己的图层、颜色和线型，组成块后将是整体。块使绘图过程变得更快。

9.1 块的创建

图块（简称块）是 AutoCAD 2006 为用户提供的在图形中管理对象的重要功能之一，属性是块的文本信息。很多图形元素需要大量重复应用，例如在绘建筑平面图时，柱子、门、窗等等，都是多次重复使用的图形，如果每次都从头开始设计和绘制，麻烦费时，AutoCAD 中可以将逻辑上相关联的一系列图形对象定义成一个整体，称之为块。本章介绍有关块和属性的性质、概念、设置、操作等内容。

9.1.1 块的创建

块是组成复杂图形的一组图形对象，块的定义实际上是在图形文件中定义了一个块的库，插入块则相当于在相应的插入点调用块库中的定义显示出来。所以，如果图形中插入了很多的同一个块，并不会显著增加图形文件的大小，也就是说，使用块还可以减小图形文件。

（1）创建块（Block）

创建块有三个要素：名称、基点、对象。在创建图块之前，先绘制图形，然后将绘制的图形对象定义成图块。

如将图 9-1 所示的轴线标号图形定义为块，起名为"轴圈"。

1）操作步骤：

① 选择"绘图"工具栏/🔲按钮；或者点击"绘图"菜单下选择"创建块"，执行 Block 命令。弹出"块定义"对话框，如图 9-2 所示。

② 在"名称"下拉列表框，输入当前要创建的图块的名称："轴圈"。

③ 在"基点"选项组，点击"拾取点"按钮，切换到绘图区中，拾取图中直线的端点 A。

④ 在"对象"选项组，选中"保留"单选按钮；单击"选择对象"按钮，利用框选选择要定义成块的对象，按 < Enter > 键。

⑤ 在"设置"选项组设为默认。

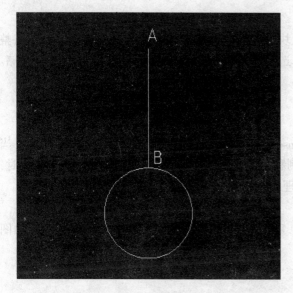

图 9-1　轴圈图

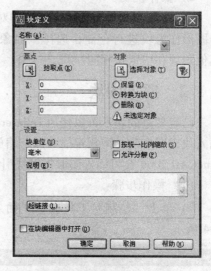

图 9-2　"块定义"对话框

⑥ 单击"确定"按钮，即可将所选对象定义成块。

2）操作说明：

① 在"基点"选项组，输入该块将来插入的基准点，也是块在插入过程中旋转或缩放的基点。可以通过在"X"文本框、"Y"文本框和"Z"文本框中直接输入坐标值或单击"拾取点" 按钮，切换到绘图区在图形中直接指定。

② 在"对象"选项组，选中"保留"单选按钮，表示定义构成图块的图形实体将保留在绘图区，不转换为块。选中"转换为块"单选按钮，表示定义图块后，构成图块的图形实体也转换为块。选中"删除"单选按钮，表示定义图块后，构成图块的图形实体将被删除。用户可以通过单击"选择对象"按钮，切换到绘图区选择要创建为块的图形实体。

③"设置"选项组包括"块单位"、"说明"、"超链接"三项。此"块单位"下拉列表框用于设置 AutoCAD 2006 设计中心拖动块时的缩放单位。"说明"框内，用户可以为块输入描述性的文字解释。"超链接"项，用户可以通过该块来浏览其他文件或者访问 Web 网站。单击"超链接"按钮后，系统弹出"插入超链接"对话框。

④ 按上述方法定义的块只存在于当前图形中，执行新建图形操作或关机后，该块即消失。若要保留定义的图块，需执行 Wblock 命令。

（2）保存图块（Wblock）

若要保留定义的图块，需执行 Wblock 命令。执行该命令，可将当前指定的图形或已定义过的图块作为一个独立的图形文件存盘。

1）操作步骤：

输入命令 Wblock，按 <Enter> 键，屏幕弹出"写块"对话框，如图 9-3 所示。

① 在"源"选项组中，选择"块"单选框，通过此下拉框选择刚定义过的块"轴圈"进行保存。保存块的基点不变。

② 在"目标"选项组中，输入一个文件名、保存路径以及插入的单位。

③ 点击"确定"按钮，完成保存操作。

2）操作说明：

"源"选项组用于指定存储块的对象及块的基点，选择"整个图形"单选框，可以将整个图形作为块进行存储；选择"对象"单选框，可以将用户选择的对象作为块进行存储。其他选项和块定义相同。

9.1.2　插入图块

已定义过的块，可以使用 Ddinsert 或 Insert 命令将块或整个图形插入到当前图形中。当插入块或图形时，需指定插入点、缩放比例和旋转角。当把整个图形插入到另一个图形时，AutoCAD 2006 会将插入图形当做块引用处理。

（1）操作步骤：

1）单击"绘制"工具栏中"插入块" 按钮，此时弹出一个"插入"对话框，如图9-4 所示。

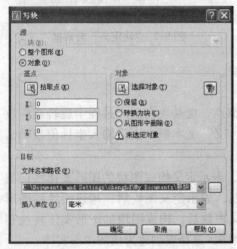

图 9-3　"写块"对话框　　　　图 9-4　"插入"对话框

2）在"插入"对话框中，"名称"栏选择要插入的块名"轴圈"；选择"在屏幕上指定"的插入点方法。"缩放比例"和"旋转"选项采用默认值；

3）单击"确定"，完成图块的插入。

（2）操作说明：

1）Ddinsert 是以对话框方式执行的插入块命令；Insert 是以命令行方式执行的插入块命令。

2）"插入"对话框选项说明：

① 在"名称"下拉列表框中选择已定义的需要插入到图形中的图块，或者单击"浏览"按钮，弹出"选择图形文件"对话框，找到要插入的图块，单击"打开"按钮，返回"插入"对话框进行其他参数设置。

②"插入点"选项组用于指定图块的插入位置，通常选中"在屏幕上指定"复选框，在绘图区以拾取点方式配合"对象捕捉"功能指定。

③"缩放比例"选项组用于设置图块插入后的比例。选中"在屏幕上指定"复选框，

则可以在命令行中指定缩放比例，用户也可以直接在"X"文本框、"Y"文本框和"Z"文本框中输入数值，以指定各个方向上的缩放比例。"统一比例"复选框用于设定图块在 X、Y、Z 轴方向上缩放是否一致。

④"旋转"选项组用于设定图块插入后的角度。选中"在屏幕上指定"复选框，则可以在命令行中指定旋转角度，用户也可以直接在"角度"文本框中输入数值，以指定旋转角度。

3）图形文件也可以作为块来插入。方法是在图 9-4 所示的"插入"对话框中单击"浏览"按钮，弹出一个"选择图形文件"对话框，选择一个图形文件，即可按块插入的方法插入图。

① 设置插入基点。图形文件作为块来插入时插入基点是坐标原点（0.000，0.000，0.000），执行"绘图"/"块"/"基点"命令后，系统提示输入基点，用户指定一点作为新的插入点即可（可以用"捕捉"功能拾取特殊的点）。

② 保留块的对象独立性。无论块多么复杂，它都被 AutoCAD 视为单个对象。想要对块进行修改，则必须先用"分解"命令将其分解。假如用户想在插入块后使块自动分解，可在图 9-4 所示的对话框中选择"分解"复选框。

③ 负比例因子。在插入块时，用户可以指定"X"和"Y"的比例因子为负值，以使块在插入时作镜像变换。

9.1.3 块的编辑与修改

1. 块的分解（Explode）

分解命令可以将块由一个整体分解为组成块的原始图线，然后可以对这些图线执行任意的修改命令进行编辑。

（1）操作步骤：

选择"修改"工具栏/按钮；或者点击"修改"菜单/"分解"，执行 Explode 命令。

命令：_ explode。

选择对象：指定对角点：找到 1 个（选择需要分解的块）。

选择对象：按 < Enter > 键（完成对象的分解）。

（2）操作说明：

执行 Explode 命令，也可以对用矩形、多段线、正多边形等绘图命令绘制的二维图形进行分解，但不能对直线（Line）、圆（Circle）、圆弧（Arc）等最简单的二维对象进行分解，它们是最小的图形元素。

2. 块的重定义

将分解后块的原始图线编辑修改后重定义成同名块，这样块库中的定义才会被修改，再次插入这个块的时候，会变成已重新定义的块。

重新执行创建块命令，选择块列表中的已有块名进行创建即可实现重定义块，并非一定要使用分解后的块进行重定义，可以使用全新的图形进行重定义。

重定义块一般用在使用已有的完整修改图形去直接替代旧的块图形。

9.1.4 块的属性

在 AutoCAD 2006 中，属性是从属于块的文本信息，它是块的组成部分。如果定义了带有属性的块，当插入带有属性的块时，可以交互地输入块的属性。对块进行编辑时，包含在块中的属性也被编辑。

例如，在标注轴线编号插入轴圈时，总希望同时能够输入轴线编号，而前面创建的"轴圈"图块则不能满足要求。如果把它定义成带有编号属性的块，则每次插入时，就可以实现同步输入轴线编号，非常方便。

图块的属性包括属性标记和属性值两方面内容。属性标记就是指一个具体的项目，属性值是指具体的项目情况。

1. 定义图块的属性（Ddattdef）

在定义图块前，要先定义该块的属性。定义属性后，该属性以其标记名在图形中显示出来，并保存有关的信息。属性标记要放置在图形的合适位置。

下面还以"轴圈"图块为例，定义其编号属性。首先用 Circle 命令绘制直径为 8mm 的轴圈，其上与一段直线相接，并显示在绘图区窗口。

（1）操作步骤：

1）点击"绘图"菜单/"块"/"定义属性"，执行 Ddattdef 命令。打开"属性定义"对话框，如图 9-5 所示。

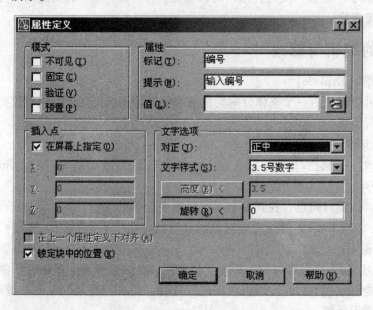

图 9-5 "属性定义"对话框

① 在"模式"选项组，设置属性模式。采用默认值，即，都不作选择。

② 在"属性"选项组，设置属性的参数。"标记"文本框中输入显示标记"编号"；"提示"文本框中输入提示信息"输入编号"；"值"文本框中采用默认的属性值。

③ 在"插入点"选项组，指定图块属性的显示位置。选中"在屏幕上指定"复选框。

④ 在"文字选项"选项组，设定属性值的基本参数。在"对正"下拉列表框中设定属性值的对齐方式"正中"；"文字样式"下拉列表框中设定属性值的文字样式"3.5 号数字"；"高度"文本框中设定属性值的高度"7"；"旋转"文本框中设定属性值的旋转角度"0"。

2）点击"确定"按钮，回到绘图区窗口，打开捕捉模式，拾取圆心，属性编号放置在圆心正中处，如图9-6所示。

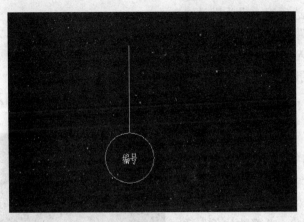

图9-6　属性位置

（2）操作说明：

1）"属性定义"对话框包含"模式"选项组、"属性"选项组、"插入点"选项组、"文字选项"选项组和"在上一个属性定义下对齐"复选框。

①"模式"选项组用于设置属性模式。"不可见"复选框用于控制插入图块，输入属性值后，属性值是否在图中显示；"固定"复选框表示属性值是一个常量；"验证"复选框表示会提示输入两次属性值，以便验证属性值是否正确；"预置"复选框表示插入图块时以默认的属性值插入。

②"属性"选项组用于设置属性的一些参数。"标记"文本框用于输入显示标记；"提示"文本框用于输入提示信息，提醒用户指定属性值；"值"文本框用于输入默认的属性值。

③"插入点"选项组用于指定图块属性的显示位置。选中"在屏幕上指定"复选框，则可以在绘图区指定插入点，用户也可以直接在"X"文本框、"Y"文本框和"Z"文本框中输入坐标值，以确定插入点。

④"文字选项"选项组用于设定属性值的基本参数。"对正"下拉列表框用于设定属性值的对齐方式；"文字样式"下拉列表框用于设定属性值的文字样式；"高度"文本框用于设定属性值的高度；"旋转"文本框用于设定属性值的旋转角度。

⑤"在上一个属性定义下对齐"复选框仅在当前文件中已有属性设置时有效，选中则表示此次属性设定继承上一次属性定义的参数。

2. 创建带属性的图块

通过"属性定义"对话框，用户可以定义一个属性，但是并不能指定该属性属于哪个图块，因此用户必须通过"块定义"对话框将图块和定义的属性重新定义为一个新的图块。

（1）操作步骤：

1）选择"绘图"工具栏/　按钮，执行 Block 命令，弹出"块定义"对话框。

2）在"名称"下拉列表框，输入当前要创建图块的名称："轴圈编号"。

3）在"基点"选项组，点击"拾取点"按钮，切换到绘图区中，拾取插入基点。

4）在"对象"选项组，选中"保留"单选按钮；单击"选择对象"按钮，利用框选选择要定义成块的对象，包括属性"编号"。按 <Enter> 键，回到"块定义"对话框。

5）在"设置"选项组，设为默认。

6）单击"确定"按钮，即可将所选对象定义成块。

7）从命令行输入：Wblock，保存图块。

3. 插入带属性的图块

通过上面的操作，已经创建了一个带有"编号"属性的注写轴圈及其编号的块，下面介绍如何插入属性块。

操作步骤：

1）单击"绘制"工具栏中"插入块" 按钮，打开"插入"对话框。

2）在"插入"对话框中，选择要插入的块名"轴圈编号"；"缩放比例"和"旋转"角度选项采用默认值；选择"在屏幕上指定"的插入点方法；在绘图区选择插入点的位置。

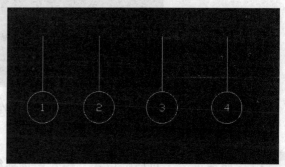

3）在命令行窗口输入：1。

图 9-7 轴线号输入效果

4）单击"确定"，完成图块的插入。

反复操作，输入轴线号 2、3、4，插入效果如图 9-7 所示。

9.2 动态块

在 AutoCAD 中新增加了动态块的概念。动态块在块中增加了可变量，插入块后仅需简单拖动几个变量就能实现对块的修改。

9.2.1 动态块的使用

动态块具有灵活性和智能性。当插入动态块以后，在块的指定位置处出现动态块的夹点，单击夹点可以改变块的特性，如块的位置、反转方向、宽度尺寸、高度尺寸、可视性等，还可以在块中增加约束，如沿指定方向移动等。下面以在墙体中插入动态块门为例，了解动态块的应用。

选择"工具"菜单/"工具选项板"，将门拖拽到洞口处，激活动态夹点（见图 9-8），然后通过选择夹点来修改门的开启方向、宽度和高度、位置等参数。

9.2.2 动态块的创建

1. 动态块的基本特性

动态块具有以下基本特性：

（1）线性特性：控制线性方面的动作，包括拉伸、位移、阵列等。

（2）旋转特性：控制动态块的旋转。

（3）翻转特性：控制动态块的镜像。

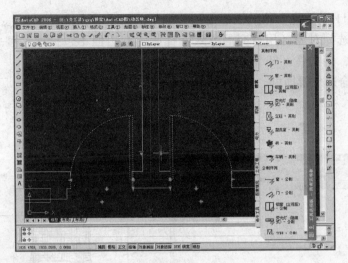

图 9-8　动态块

（4）对齐特性：可将动态块对齐到其他的对象上。

（5）可见特性：可显示动态块的可见性。

（6）查询特性：可为动态块添加一个规格列表。

2. 创建动态块

使用一个单人床的例子来创建动态块。首先绘制一个床的图形，然后把床创建成一个块，如图 9-9 所示。

（1）添加动态块的特性：单击"工具"/"块编辑器"，弹出"块编辑器"对话框，如图 9-10 所示。

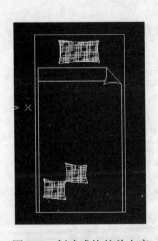

图 9-9　创建成块的单人床

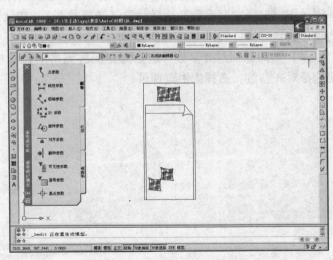

图 9-10　"块编辑器"对话框

选择选项板上的线性参数，命令提示区提示一个起点，我们选择床的左上角点，在右上角点选择一点，向上拉伸至合适的位置。可以把距离改为"宽度"，如图 9-11 所示。然后为这个参数添加拉伸动作。命令提示区提示选择参数，制定与参数相关联的点，我们选择右边的点，指图 9-11 添加完参数的图形定拉伸框架的第一个角点，拉伸出一个框架，选择对象（用窗交的方式选择床的右边但不包括枕头，如选上枕头，则按住 < Shift > 键把枕头去掉），按 < Enter > 键，把拉伸动作放到合适位置即可，如图 9-12 所示。

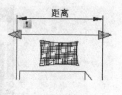

图 9-11　参数设置

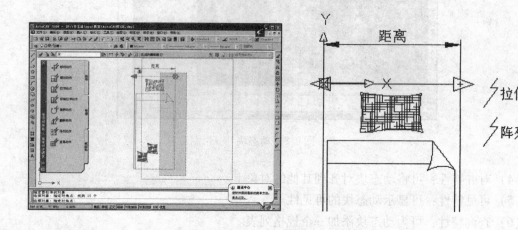

图 9-12　给参数添加动作

（2）为床添加规格特性：在块编辑器中，选择宽度参数，选择对性特性，值集，距离类型中选择"列表"，添加距离值：1200、1500，这样床的宽度可按三个尺寸变化。

（3）为枕头添加阵列动作：1500 的床应该是双人床，枕头是两个。在块编辑器中选择阵列动作，选择宽度参数，选择对象（选择枕头），按 < Enter > 键，输入列间距 650，把阵列动作放到合适位置。

（4）为床添加对齐参数：这是为方便放到房间位置中。对齐参数不需要动作支持。直接选择对齐参数，选择床中点即可。

第 10 章　文字的创建与使用

✿ **学习要求**：通过本章的学习，要求熟悉文字样式的设置，掌握文本的创建和修改方法。

✿ **学习提示**：文字是图形的重要内容。合理设置文字的样式和大小，是绘制满足制图标准要求图形的基本要求。

10.1　设置字体命令（Style）

设置字体命令（Style）用于进行所需字体设置。

在一幅图中常常要用多种字体，系统默认的标准字体是"txt. shx"，但这种字体不支持输入汉字，要输入汉字等其他字体时必须首先更换字体，进行字体设置。有三种操作方式。

（1）在"格式"的下拉菜单中，选择"文字式样"选项，出现如图 10-1 所示对话框。

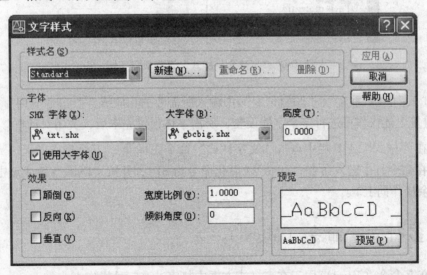

图 10-1　"文字样式"对话框

1）在"样式名"项目中点击"新建"按钮，出现如图 10-2 所示"新建文字样式"对话框，在"样式名"后输入所设置字体的名称，点击"确定"按钮。

2）在"字体"项目中"字体名"下拉列表框中选择所需字体（如图 10-3 所示，此时须将"使用大字体"前的勾选去掉），然后在高度下输入所需要的字体高度（此项通常不进行设置）。

3）在"效果"项目中"宽度比例"中输入所需的字体宽高比（一般为 0.8），然后在

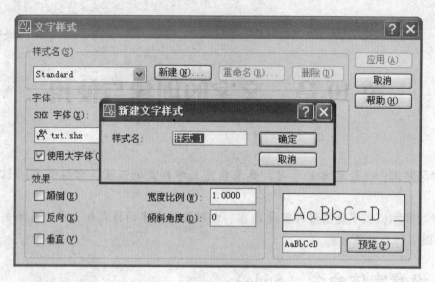

图 10-2 "新建文字样式"对话框

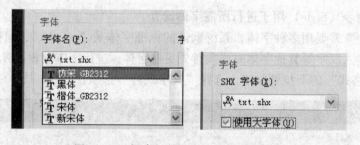

图 10-3 "新建文字样式"选择所需字体

"颠倒"、"反向"、"垂直"、"倾斜角度"中输入所需要的相应值，点击"应用"按钮。

4）重复上述操作可进行多个字体设置，所需字体设置完毕后，关闭对话框。

（2）在"样式"工具栏中点击"文字样式"命令图标 ，其余操作同上。

（3）在命令行中键入命令"Style"（简化命令为 ST），并按 < Enter > 键或点击鼠标右键确认。其余操作同上。

10.2　多行文字命令（Mtext）

多行文字命令（Mtext）用于在表格或方框中打字。有三种操作方式。

（1）在"绘图"的下拉菜单中，"文字"选项下选择多行文字。

1）在命令行会出现提示，要求指定第一角点，用鼠标在绘图区需要输入文字的地方，根据需要的范围点击左键确定边界点，在命令行会出现提示，要求指定对角点，用上述方法给出文字范围的对角边界点，则出现如图 10-4 所示多行文字"文字格式"对话框，此时在左上边界点处会有光标闪动（图 10-5），可点击"标尺"按钮 ，开关标尺（图 10-5）显示。

2）在对话框字体选项下（图 10-6），可根据需要选择字体的名称；在对话框文字高度选项下（图 10-7），可根据需要选择字体的高度；在对话框颜色选项下（图 10-7），可根据

图 10-4　多行文字"文字格式"对话框

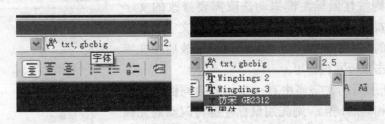

图 10-5　光标和标尺

需要选择字体的颜色；在相应按钮 **B** *I* U 中选择书写形式（是否加黑、倾斜、加下划线）。

图 10-6　选择字体

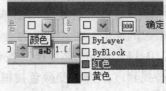

图 10-7　输入字体高度（左）及颜色（右）

3）如采用在"文字样式"中已经设置好文字字体及其参数的样式，则在对话框选项下，在"样式"一栏（见图 10-8）中可根据需要选择字体的样式，并在对正、宽度比例、倾斜角度栏目中（见图 10-9），根据需要分别进行对正方式、文字的宽高比及文字倾斜角度的修改。

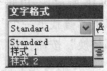

图 10-8　选择文字样式

图 10-9　"对正方式、文字的宽高比、文字倾斜角度"选项框

4）可根据需要在项目符号及列表一栏中  选择文字的排序方式；如果需要输入特殊符号，则点击符号按钮 @ 进行选择（见图 10-10）。

5）根据需要设定完字体的相关参数后，就可以进行需要的文字输入。在输入过程中如果所给范围超出需要的文字输入区域，则可使用 <Enter> 键换行；如果在输入过程中，所输入的文字采用不同的参数，则在输入文字前，按上述方法进行相关参数设置即可（见图 10-11）。

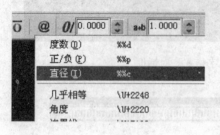

图 10-10　特殊符号输入　　　图 10-11　采用不同参数输入的文字

6）如果所书写的文字当中，有一部分文字需要更改其相应参数，则按住鼠标左键拖动选取需要修改的文字（和文档处理方法一样），然后按上述方法进行文字参数的选择，被选中的文字按照需要的参数修改，修改后在文字输入区域内单击鼠标左键即可。

7）如果所书写的文字当中有一些相同的词汇需要修改成另外一些相同的词汇，则先用鼠标左键将闪动的光标置于该段文字之前，然后点击选项按钮 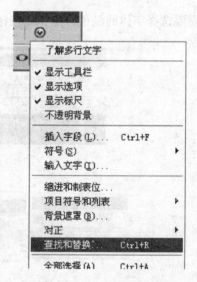，选择"查找和替换"（见图 10-12）或使用快捷键"<Ctrl> + R"，出现图 10-13 所示"查找和替换"对话框，在"查找内容"项输入需要修改的词汇，在"替换为"项下输入需要的新词汇（见图 10-14），点击"替换"按钮，则第一个需要修改的词汇被找到（该词汇变颜色被框住，见图 10-15），点击替换按钮，需要修改的第一个词汇被替换，同时第二个需要修改的词汇被找到（该词汇变颜色被框住，如图

图 10-12　"查找和替换"选项

10-16 所示），以此类推，直到所有需要修改的词汇被替换。如果查找到的词汇不替换，则点击"查找下一个"按钮。如果确定所有查找到的相同词汇都需要替换，则直接点击"全部替换"按钮，则需要替换的词汇一次性被替换。

8）书写完毕且不需要再进行其他修改时，点击"确定"按钮或在文字输入区域外单击鼠标左键，则需要的文字被写在上述所界定的范围内。

注意：采用多行文字命令，一次输入的文字形成一个文字块，即一次性输入的多行文字为一个整体，不允许单行进行修改编辑。

（2）在文字工具栏或绘图工具栏中点击"多行文字"命令图标 **A**。其余操作同上。

（3）在命令行中键入命令"Mtext"（简化命令为 mt），并按 <Enter> 键或单击鼠标右键确认。其余操作同上。

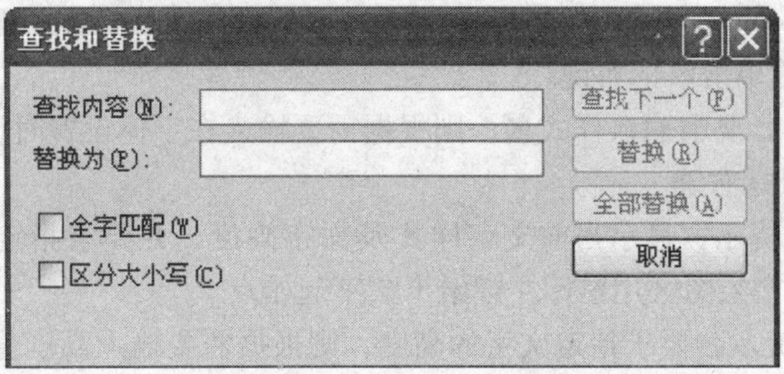

图 10-13　"查找和替换"对话框

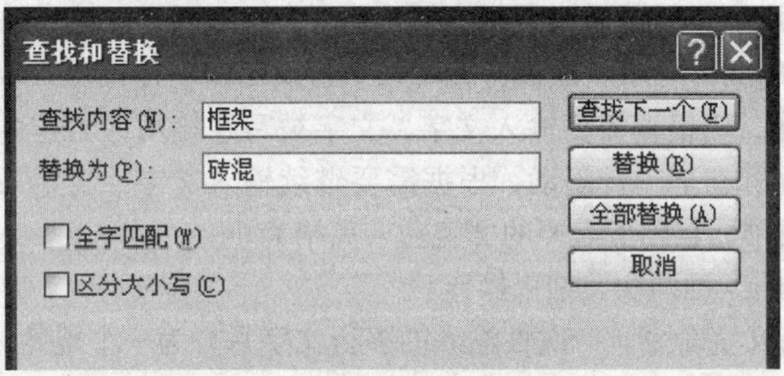

图 10-14　查找和替换词汇输入

图 10-15　第一个需替换词汇被找到并变色

图 10-16　第一个被替换且第二个需替换词汇被找到并变色

10.3　单行文字命令（Dtext）

单行文字命令（Dtext）用于书写位置比较灵活的文字，所点位置即为书写位置。有三种操作方式。

（1）在"绘图"的下拉菜单中"文字"选项下选择单行文字。

1）在命令行会出现提示，显示当前文字样式及文字高度，并要求指定文字起点或［对正（J）/样式（S）］。

2）在此提示下，可根据需要进行操作。

① 如果需要输入的文字样式与当前文字样式一致，则在绘图区用鼠标左键给出文字起始点。

② 如果需要输入的文字样式与当前文字样式不一致，则选择样式选项，在命令行键入"S"按＜Enter＞键或单击鼠标右键。

命令行出现提示，要求输入样式名，则根据需要输入在字体设置时设置过的样式名后按＜Enter＞键或单击鼠标右键。

在命令行会出现提示，显示当前文字样式及文字高度，并要求指定文字起点或［对正(J)/样式（S）］，则在绘图区用鼠标左键给出文字起始点。

3）命令行出现提示，要求指定文字的高度，则根据需要输入高度值，按＜Enter＞键或单击鼠标右键确认。

4）命令行出现提示，要求指定文字的旋转角度，则根据需要输入角度（逆时针为正，顺时针为负），按＜Enter＞键或单击鼠标右键确认。

5）此时在指定的文字起始点位置，出现大小为设定的字体高度，以设置的文字倾斜角度倾斜的光标闪动，则根据需要输入文字，文字被写在绘图区给定的位置，如需要换行则按＜Enter＞键，光标在下一行闪动，根据需要继续输入文字，文字被写在该行与上一行对齐的位置，以此类推，直到所需要的文字输入完毕为止。

6）连续按＜Enter＞键两次，结束操作。

注意：采用单行文字命令，一次性输入的多行文字每行为一个整体，可单行进行修改编辑。单行文字所需采用的文字样式，必须在之前按照 10.1 节的方法进行相应的设定。

（2）在文字工具栏中点击"单行文字"命令图标 **AI** 。其余操作同上。

（3）在命令行中键入命令"Dtext"（简化命令为 dt），并按＜Enter＞键或单击鼠标右键确认。其余操作同上。

10.4 编辑文字命令（Ddedit）

编辑文字命令（Ddedit）用于修改编辑已写成的文字。有四种操作方式。

（1）在"修改"的下拉菜单中"对象"选项的子菜单中选择"文字"中的"编辑"。

1）在命令行出现提示，要求选择注释对象，用鼠标左键选择要编辑修改的文字，如果该文字为多行文字，则会出现如图 10-17 所示多行文字格式对话框，此时闪动光标在文字前面。

图 10-17　编辑修改多行文字

2）按照 10.2 节多行文字输入的方法进行修改，修改完毕后点击"确定"按钮退出。

3）在命令行继续出现提示，要求选择注释对象，用鼠标左键选择要编辑修改的文字，如果该文字为单行文字，则会出现如图 10-18 左所示的编辑形式，此时所需编辑修改的文字被颜色框住，点击鼠标左键将闪动光标置于需要修改的部位如图 10-18 右所示，根据需要进行修改，修改完毕后，在文字区域外单击鼠标左键退出。

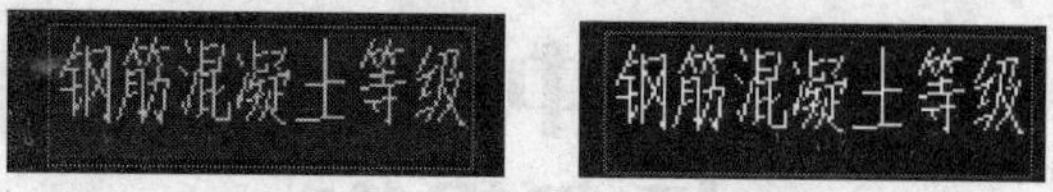

图 10-18　编辑修改单行文字

4）在命令行继续出现提示，要求选择注释对象，重复上述操作，可连续修改不同的文字，当不需要再修改时，可在要求选择注释对象的提示下按 < Enter > 键或单击鼠标右键完成操作。

（2）在文字工具栏中点击"编辑文字"命令图标 **Aℓ** 。其余操作同上。

（3）在需要编辑的文字上双击鼠标左键。其余操作同上。

（4）在命令行中键入命令"Ddedit"，并按 < Enter > 键或单击鼠标右键确认。其余操作同上。

第 11 章　设计中心、图纸布局及打印输出

✳ **学习要求**：通过本章的学习，要求了解 AutoCAD 设计中心的组成和功能，熟悉图纸布局的设置，掌握打印样式的设置方法及图纸的输出过程。

✳ **学习提示**：设计中心是 AutoCAD 管理和再利用设计图形的有效工具，打印样式的合理设置对图纸进行合理组织和布局是输出符合规范的工程图纸的基本要求。

11.1　设计中心

设计中心的功能是共享 AutoCAD 图形中的设计资源，方便互相调用。利用它可以便捷地管理和再利用设计图形。只须用鼠标拖放，就能将一张设计图中的块、层、线性、文字样式、布局和尺寸样式等复制到另一张图中，省时省力。尤其是对一个设计项目，利用设计中心不仅可以重复利用和共享图形，提高设计效率，而且还可以保证图形间的一致性，规范设计标准。

通过设计中心，用户可以组织对图形、块、图案填充和其他图形内容的访问。可以将位于用户的计算机上、网络位置或网站上的源图形中的任何内容拖动到当前图形中。另外，如果打开了多个图形，则可以通过设计中心在图形之间复制和粘贴其他内容（如图层定义、标注样式和文字样式等）来简化绘图过程。

AutoCAD 设计中心提供了查看和重复利用图形的强大工具。通过设计中心可以浏览本地系统、网络驱动器和从 Internet 下载文件。使用 Autodesk 收藏夹（AutoCAD 设计中心的默认文件夹），不用重复寻找经常使用的图形、文件夹和 Internet 地址，从而节省了时间。收藏夹汇集了到不同位置图形内容的快捷方式。

使用 AutoCAD 设计中心，无论是定位和组织内容还是将其拖放到图形中都轻松自如。可以通过设计中心窗口中的窗格查看源中的内容项目。树状视图可以显示内容源的层次结构。

11.1.1　设计中心打开方式

设计中心有四种打开方式。
（1）在"工具"的下拉菜单中，选择"设计中心（G）"选项。
（2）在标准工具栏中点击"设计中心"命令图标▣。其余操作同上。
（3）在命令行中键入命令"Adcenter"（简化命令为 ADC），并按 < Enter > 键或单击鼠标右键。其余操作同上。
（4）快捷键：< Ctrl > +2。其余操作同上。

进行上述任何一项操作后，弹出如图 11-1 所示的设计中心工作界面。

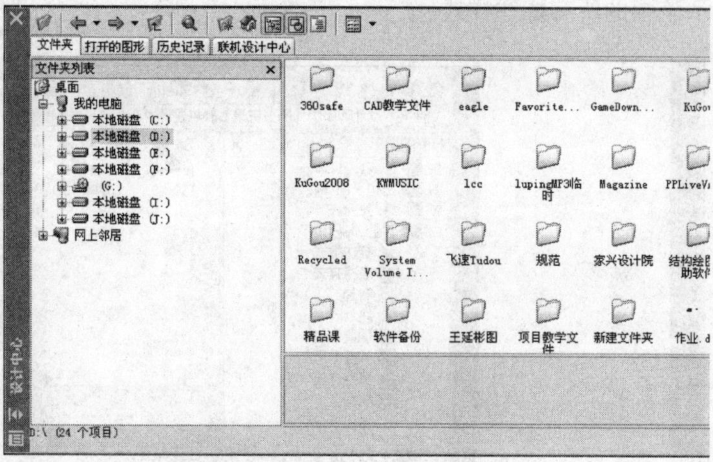

图 11-1　设计中心工作界面

11.1.2　设计中心工作界面

可以通过以下方法调节 AutoCAD 设计中心工作界面的大小：单击边框、控制板和树状视图中间的分隔栏或右下角的尺寸夹点，然后将窗口拖动到适当大小；鼠标左键单击 Auto-CAD 设计中心的标题栏，并将其拖动可以将浮动窗口移动到屏幕的任何位置；将 AutoCAD "设计中心"浮动窗口拖动到绘图区域的边缘或双击其标题栏，它会自动定位到固定位置。开关界面及使固定界面变为浮动界面与工具栏操作相同。

1. 标题栏

标题栏位于"设计中心"工作界面的最左侧（见图 11-2），点击标题栏上的"自动隐藏"按钮■，"设计中心"界面可以收缩为只显示该标题栏，以更多显示绘图区方便其他操作。需使用"设计中心"时将鼠标移至该标题栏上点击，则"设计中心"界面会自动展开。

2. 内容区

内容区位于"设计中心"工作界面的右侧，显示需要查找的在树状图中选择项目的内容。内容区包括：内容显示、内容预览、内容说明。

3. 树状图

树状图位于"设计中心"工作界面的左侧，单击树状图中的项目，在内容区中显示其内容。单击加号"＋"或减号"－"可以显示或隐藏层次结构中的其他层次。双击某个项目可以显示其下一层次的内容。在树状图中单击鼠标右键将显示带有若干相关选项的快捷菜单。

（1）"文件夹"选项卡：显示导航图标的层次结构，包括：网络和计算机；Web 地址（URL）；计算机驱动器；文件夹；图形和相关的支持文件；图形中的块、图层、线型、文字样式、标注样式和打印样式等。

（2）"打开的图形"选项卡：显示当前打开所有图形的列表。单击某个图形文件，然后单击列表中的一个定义表可以将图形文件的内容加载到内容区中。

如图 11-3 在树状图"打开的图形"选项卡中，点击图形"作业"下的"标注样式"，则在内容区中显示该图的所有标注样式。

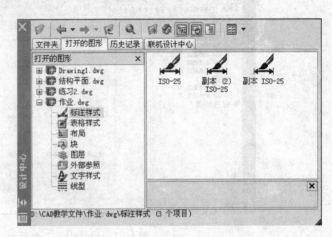

图 11-2　设计中心标题栏　　　　　　　　图 11-3　查看图形的内容

（3）"历史记录"选项卡：显示设计中心中以前打开的文件列表（见图11-4）。双击列表中的某个图形文件，可以在"文件夹"选项卡中的树状视图中定位此图形文件并将其内容加载到内容区中（见图11-5），双击内容区中的项目可显示该项目的内容（如图 11-6 为图 11-5 中"块"的内容），单击其中一个图形可以在内容区的下方看到该图的预览图和相关说明（见图 11-7）。

（4）"联机设计中心"选项卡：提供联机设计中心 Web 页中的内容，包括块、符号库、制造商目录和联机目录。

4. 工具栏

工具栏位于"设计中心"工作界面的

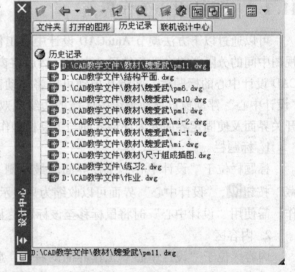

图 11-4　以前打开过的图形列表

上方，提供了"加载" 、"上一页" 、"下一页" 、"上一级" 、"搜索" 、"主页" 、"收藏夹" 、"树状图切换" 、"预览" 、"说明" 、"视图" 等多个按钮。其中"预览"和"说明"用于打开和关闭内容区域中的预览和说明窗口，"树状图切换"用于打开和关闭树状图，其他工具类似于资源管理器或 IE 浏览器中的功能。

11.1.3　设计中心功能

1. 浏览不同图形资源

可以重复利用和共享的图形内容称为设计资源，包括：块、图层、标注样式、文字样

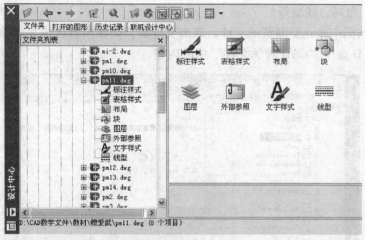

图 11-5 将以前打开过的图形在树状图中定位并显示其内容

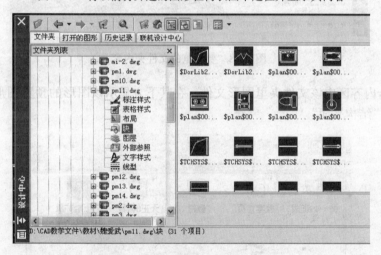

图 11-6 查看图形中项目的内容

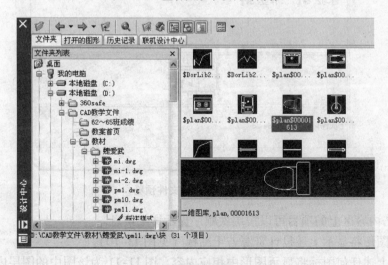

图 11-7 预览图形的内容

式、表格样式、布局、线型等。

（1）在树状图中找到要浏览的文件，双击文件夹，则在内容区内显示该文件夹的内容。如图 11-8 显示 D 盘中"CAD 教学文件"中的内容。

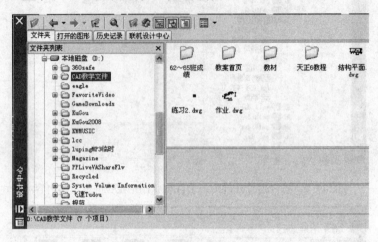

图 11-8   要浏览的文件夹内容

（2）单击内容区内该文件夹里图形文件，在其下方显示该图形的预览图形及相应说明。如图 11-9 中"结构平面"。

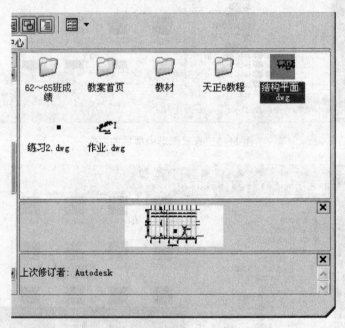

图 11-9   图形文件预览

（3）双击内容区上的项目可以按层次顺序显示详细信息。

1）双击图形将显示上述设计资源若干图标（见图 11-10）。

2）双击上述任何图标将显示图形中相应内容。图 11-11 为该图中的图层内容，图 11-12 为该图中的线型内容。

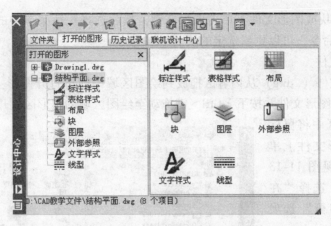

图 11-10　图形的设计资源显示

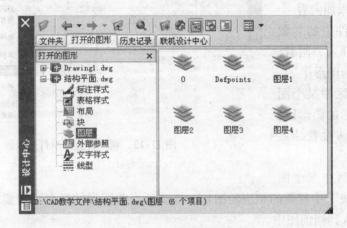

图 11-11　图形的图层内容

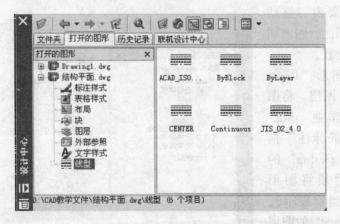

图 11-12　图形的线型内容

2. 更新（重定义）块定义

与外部参照不同，当更改块定义的源文件时，包含此块的图形的块定义并不会自动更新。通过设计中心，可以决定是否更新当前图形中的块定义。块定义的源文件可以是图形文件或符号库图形文件中的嵌套块。

在内容区中的块或图形文件上单击鼠标右键，然后选择快捷菜单中的"仅重定义"或"插入并重定义"命令，可以更新选定的块。

3. 打开图形文件

（1）将图形文件（.dwg）从内容区拖放到绘图区域中即可打开图形：鼠标左键在内容区中点住要打开的图形文件并按下 < Ctrl > 键拖动至绘图区域的图形区放开鼠标。

（2）在内容区中将鼠标放在要打开的图形文件上单击鼠标右键，出现图 11-13 所示的快捷菜单，选择"在应用程序窗口中打开"选项即可打开该图形。

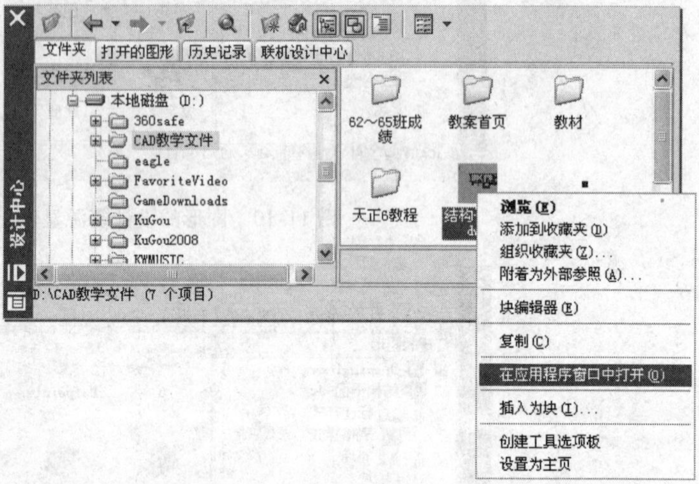

4. 向图形中添加内容

查看图形文件中的对象的定义，将定义插入、附着、复制和粘贴到当前图形中。

（1）将内容区中某个图形拖动到当前图形的图形区，则该图形按照默认设置插入到当前图中。

图 11-13　利用快捷菜单打开图形

（2）将内容区中某个图形的设计资源"块"中需要的相应的图块，拖动到当前图形的图形区需要的位置，则该块按照默认设置插入到当前图中。

（3）将内容区中某个图形的设计资源（图层、标注样式、文字样式、表格样式、布局、线型等）中的需要内容拖动到当前图形的绘图区，则增加当前图中相应的设置。

图 11-14 为图形"Drawing3.dwg"的原有图层，将图 11-15 中图形"作业.dwg"的图层"板底钢筋标注"拖动至图形"Drawing3.dwg"的绘图区后（此时须将图形"Drawing3.dwg"当前显示），图形"Drawing3.dwg"的图层内容如图 11-16 所示。进行上述操作时无需打开图形"作业.dwg"，相当方便。

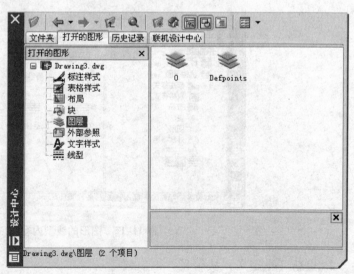

图 11-14　图形"Drawing3.dwg"的原有图层

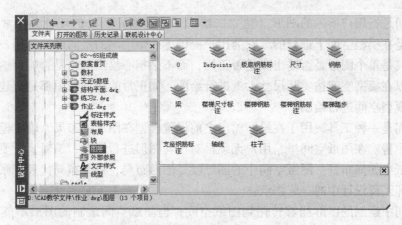

图 11-15　图形"作业.dwg"的图层

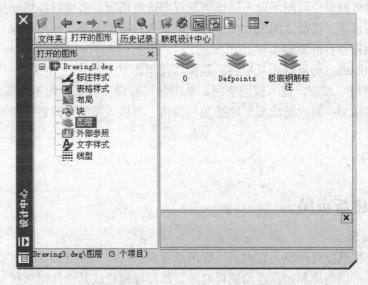

图 11-16　图形"Drawing3.dwg"添加后图层

11.2　模型空间和图纸空间

　　一般情况下，使用 AutoCAD 创建图形后要打印到图纸上。

　　在 AutoCAD 2006 打印输出过程中，首先应创建布局并在布局中执行页面设置，在打印机管理中指定打印设备，并进行图纸尺寸和方向的设置，为图纸插入预定义的标题栏，创建浮动视口的视图比例，创建布局中的注释及几何图素。在布局的页面设置过程中可以为布局附着一个打印样式表，将打印样式分配给打印图形中的图形对象，产生所期望的打印效果。做好所有设置后，打印输出图形。

　　AutoCAD 中所绘制的图形的控制点坐标是针对 AutoCAD 内部的绝对坐标系的，这些图形有特定的位置、大小和尺寸。当用绘图仪绘制图纸时，一般应该根据图纸的大小按比例缩放。为了使绘制的图形根据使用者的意图准确无误地反映到图纸上，首先应明确模型空间和图纸空间这两个概念。

　　模型空间是指用户所画的图形（建立二维或三维模型）所处的环境。通常图形绘制与编辑工作都是在模型空间下进行的。它为用户提供了一个广阔的绘图区域，用户在模型空间中所考虑的只是单个图形是否输出或是否正确，而不必担心绘图空间是否能容纳下。一般来说，用户可以在模型空间按实际尺寸 1∶1 进行绘图，如正常的建筑绘图都是把建筑物体依照实际尺寸在模型空间进行绘制。

　　图纸空间是一种工具，用于在绘图输出之前设置模型在图纸的布局，确定模型视图在图纸上出现的位置。在图纸空间里，用户无须再对任何图形进行修改、编辑，所要考虑的是图形在整张图纸中如何布置。图纸空间中的图纸就是图形布局，每个布局代表一张单独的打印输出图纸，即工程设计中的一张图纸。

　　模型空间中绘制的图形能够转化到图纸空间，但图纸空间绘制的图形不能转化到模型空间。

　　在图纸空间将模型空间图形以不同比例的视图进行搭配，必要时添加一些文字注释，如标题栏、技术要求等，再设置图纸大小、打印范围和打印比例等，从而形成一张完整的纸面图形，为打印创建完备的图形布局。

　　模型空间和图纸空间可以相互切换，其操作是单击状态栏中"模型"、"布局"按钮来实现。单击"模型"按钮，进入模型空间，单击各"布局"按钮，则进入图纸空间。

　　注意：先在模型空间内完成图形的绘制与编辑，再进入图纸空间进行布局。

11.3　布局

11.3.1　创建新布局

　　1. 布局的概念

　　布局是一个图纸空间环境，它模拟一张图纸并提供打印预设置。

　　在布局中，可以创建和定位浮动视口对象，添加标题栏或其他几何形状；可以在一个图形中创建多个布局来显示多种多样的视图，每个视图包含不同的打印比例和图纸尺寸。每个布局都可以模拟显示图形打印在图纸上的效果。

　　在图形区域下面有默认的两个布局选项卡："布局 1"和"布局 2" `布局1 布局2`。选择任一布局选项卡，则自动进入图纸空间环境。图纸上有一个矩形的轮廓（虚线显示）指出当前配置的打印设备的图纸尺寸，显示在图纸中的页边界，指出了图纸的可打印区域（细实线显示），如图 11-17 所示。在图纸空间中可以创建多个布局，在多个布局中设置图形不同的打印内容和打印效果。默认状态下的两个布局不足以表达打印输出设置时，可以插入新的布局。

　　2. 创建布局

　　有四种方式创建布局。

　　（1）在"插入"的下拉菜单中，选择"布局"/"新建布局"选项（见图 11-18 左）。

　　1）命令行出现提示：输入布局选项［复制（C）/删除（D）/新建（N）/样板（T）/重命名（R）/另存为（SA）/设置（S）/?］＜设置＞：_new

　　输入新布局名＜布局 3＞：

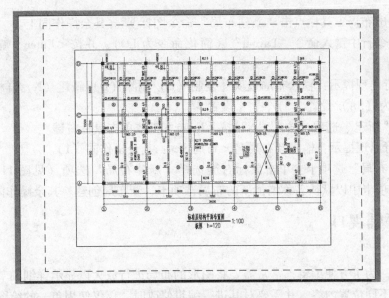

图 11-17　图纸布局预览

图 11-18　新建布局

2）根据需要输入新布局的名称后按＜Enter＞键或单击鼠标右键，或采用尖括号中默认名称直接按＜Enter＞键或单击鼠标右键确认，则在布局选项卡中增加新的布局选项卡，新布局创建。

布局1 布局2 布局3

3）若要改变新布局名称，在新的布局选项卡上单击鼠标右键，在出现的快捷菜单中选择"重命名"选项，弹出图 11-19 对话框，在名称框中输入新的名称，点击"确定"按钮即可。

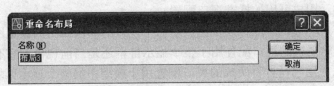

图 11-19　"重命名布局"对话框

（2）可调出布局工具栏点击"新建布局"命令图标 ▦。其余操作同上。

（3）在命令行中键入命令"Layout"（简化命令为 LO），并按 < Enter > 键或单击鼠标右键。

1）命令行出现提示：输入布局选项［复制（C）/删除（D）/新建（N）/样板（T）/重命名（R）/另存为（SA）/设置（S）/?］< 设置 >：

2）选择"新建"选项，输入"N"按 < Enter > 键或单击鼠标右键。

3）命令行出现提示：输入新布局名 < 布局 3 >：其余操作同（1）。

（4）在"布局"选项卡上单击鼠标右键选择"新建布局"选项（见图 11-18 右），则在"布局"选项卡中以默认名称增加新的布局选项卡，新布局创建。其余操作同（1）。

11.3.2　平铺视口

1. 视口

在绘图时，为了方便编辑，常常需要将图形的布局进行放大以显示详细细节。当用户希望观察图形的不同位置内容，并需要对其进行编辑修改时，仅仅使用单一的绘图视口已无法满足需要了，此时可借助于 AutoCAD 的平铺视口功能，将视图划分为若干视口。

2. 平铺视口

平铺视口是指把绘图窗口分成多个区域，创建多个不同的绘图区域，每一个区域都可用来查看图形的不同部分。在 AutoCAD 中，可以同时打开多达四个视口，同时屏幕上可保留菜单栏和命令提示窗口。

当打开一个新布局时，默认情况下，将用一个单独的视口显示模型空间的整个绘图区域，用户可以将屏幕的绘图区域分割成多个平铺视口。

（1）创建平铺视口。有三种操作方式。

1）在"视图"的下拉菜单中，选择"视口"/"新建视口"选项（见图 11-20）。

① 弹出如图 11-21 所示"视口"对话框，该对话框可以在模型空间创建和管理平铺视口。

② 在"视口"对话框"新建视口"选项卡中，可以显示标准视口配置列表，还可以创建并设置新平铺视口。

该选项卡包括以下几个选项（操作内容见图 11-22、图 11-23）：

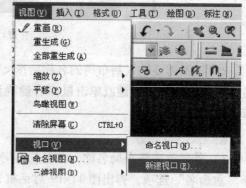

图 11-20　创建视口

新名称：设置新创建的平铺视口的名称。

标准视口：显示用户可用的标准视口配置。

预览：预览用户所选视口配置以及已赋给每个视口的默认视图的预览图像。

应用于：设置将所选的视口配置用于整个显示屏幕还是当前视口。它有两个选项：

● 显示：该选项用于设置将所选的视口配置用于模型中的整个显示区域，为默认选项。

● 当前视口：该选项将所选的视口配置用于当前视口。

设置：用于指定二维或三维设置。如果选择"二维"选项，则使用视口小的当前视图来初始化设置；如果选择"三维"选项，则使用正交的视图来配置视口。

图 11-21 "视口"对话框

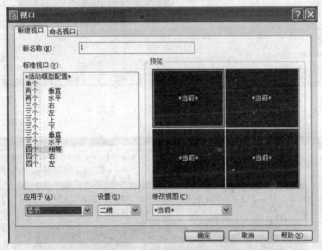

图 11-22 新建视口 1

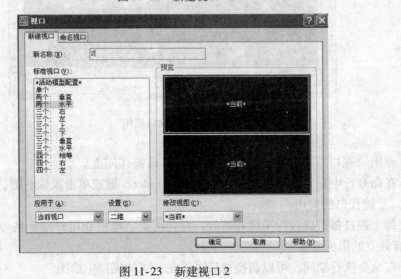

图 11-23 新建视口 2

修改视图：用于选择一个视口配置代替已选择的视口配置（此项三维时使用）。

③ 在"视口"对话框"命名视口"选项卡中，可以显示图形中已命名的视口配置。选择一个视口配置后，该视口配置的布局情况将显示在预览窗口中（见图 11-24），此时点击"确定"按钮，该视口为当前应用视口，图 11-25 为视口 1 的应用。若选择一个视口单击鼠标右键，则出现快捷菜单，可删除及重命名该视口。

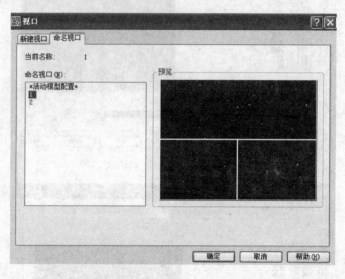

图 11-24　"命名视口"选项卡

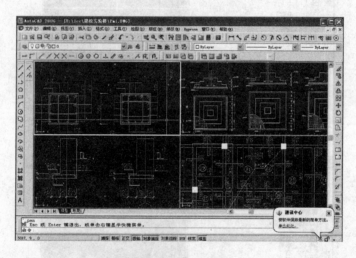

图 11-25　视口应用

2）调出"视口"工具栏，选择按钮▣，其余操作同上。

3）在命令行中键入命令"Vports"，并按 < Enter > 键或单击鼠标右键，其余操作同上。

（2）平铺视口的应用。

1）每个视口都可以进行平移和缩放，设置捕捉、栅格和用户坐标系等，且每一个视口都可以有独立的坐标系统。

2）在命令执行期间，可以切换视口以便在不同的视口中绘图。

3）用户只能在当前视口里工作。要将某个视口设置为当前视口，只须单击该视口的任意位置。此时，当前视口的边框将加粗显示（如图 11-25 所示）。

4）只有在当前视口中光标才显示为十字光标。当光标移出当前视口后，就变为一个箭头光标。

5）当在平铺视口中工作时，可全局控制左右视口中的图层可见性。如果在某个视口中关闭了某一图层，系统将关闭所有视口中的相应图层。

（3）分割与合并视口。选择菜单"视图"/"视口"子菜单的某个命令（见图 11-26），可以在不改变视口显示的情况下，分割或合并当前视口。

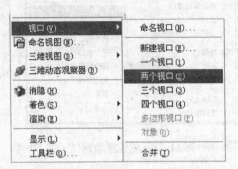

1）一个视口：将当前视口扩大到充满整个绘图窗口。

2）两个视口、三个视口、四个视口：将当前视口分割为两个、三个或四个视口。

3）合并：选择该命令后，系统要求用户选定一个视口作为主视口，然后选择一个相邻视口，并将该视口与主视口合并。

图 11-26　分割或合并视口

11.3.3　浮动视口

与模型空间的平铺视口不同，布局中的视口不是固定在某个位置上的显示区域，而是图形对象。在布局中可以根据需要建立多个视口，视口之间可相互重叠或分离，可以对视口进行移动、调整大小、删除等操作，所以布局中的视口称作浮动视口。

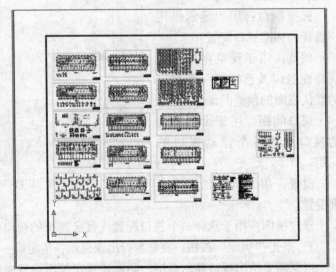

在布局中可以创建布满整个可打印区域单一视口，也可放置多个视口，创建浮动视口的命令与平铺视口相同，但是命令运行提示和响应不同。

布局图时，浮动视口是一个非常重要的工具，用于显示模型空间中的图形。创建布局图时，系统自动创建一个浮动视口。如果在浮动视口内双击，则可进入浮动模型空间，其边界将以粗线显示，如图 11-27 所示。

1. 创建浮动视口

此操作在图纸空间下进行，有三种方式。

图 11-27　浮动模型空间

（1）在"视图"的下拉菜单中，选择"视口"/"新建视口"选项（见图 11-28）。

1）弹出如图 11-29 所示"视口"对话框，通过该对话框可以在图纸空间创建和管理浮动视口。

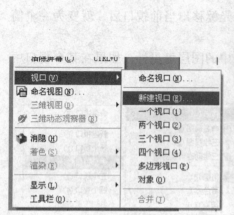

图 11-28　创建浮动视口

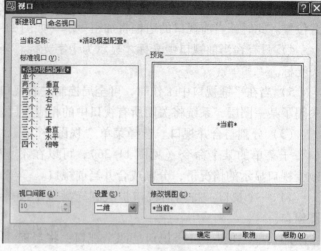

图 11-29　新建浮动视口对话框

2）在"视口"对话框"新建视口"选项卡中，可以显示标准视口配置列表，还可以创建并设置新浮动视口。

该选项卡包括以下几个选项（见图 11-30）：

当前名称：根据所选择的新创建浮动视口类型而对应显示的视口名称。

标准视口：用于显示供用户选择的标准视口配置。

预览：用于预览用户所选视口配置以及已赋给每个视口的默认视图的预览图像。

视口间距：用于设置所选的视口配置各个浮动视口的间距。

设置：用于指定二维或三维设置。

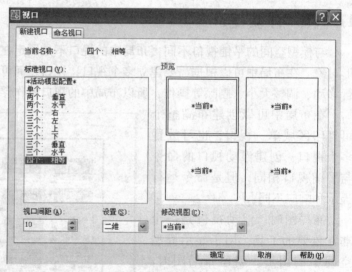

图 11-30　新建浮动视口

修改视图：用于选择一个视口配置代替已选择的视口配置（此项三维时使用）。

3）点击"确定"按钮，在命令行出现提示：指定第一个角点或 [布满（F）] <布满>：根据需要给出视口显示范围，则新建视口按所设置参数和范围显示，如图 11-31 所示。

（2）调出"视口"工具栏，选择按钮▣。其余操作同上。

（3）在命令行中键入命令"Vports"，并按 < Enter > 键或单击鼠标右键，其余操作同上。

2. 浮动视口应用

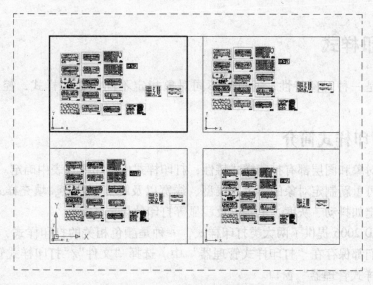

图 11-31 新建浮动视口显示

在浮动模型空间中，可对浮动视口中的图形施加各种控制，例如缩放和平移图形，控制显示的图层、对象和视图。用户还可像在模型空间一样对图形进行各种编辑。要从浮动模型空间切换到图纸空间，只须在浮动视口外双击即可。

（1）每个视口都可以进行平移和缩放，设置捕捉、栅格和用户坐标系等，且每一个视口都可以有独立的坐标系统。

（2）在命令执行期间，可以切换视口以便在不同的视口中绘图。

（3）用户只能在当前视口里工作。要将某个视口设置为当前视口，只须单击该视口的任意位置。此时，当前视口的边框将加粗显示（见图 11-32）。

（4）只有在当前视口中光标才显示为十字光标。当光标移出当前视口后，就变为一个箭头光标。

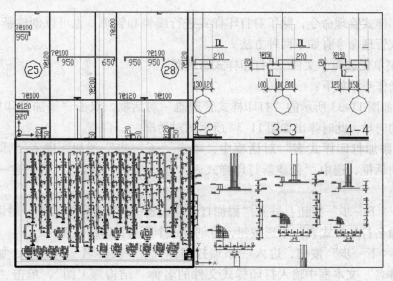

图 11-32 浮动视口应用

11.4　打印样式

打印样式是一种对象特性，通过对不同对象指定不同的打印样式，控制不同的打印效果。

11.4.1　打印样式简介

每个图形对象和图层都有打印样式特性，打印样式由打印样式表中确定。在设定对象的打印样式时，可重新制定对象的颜色、线型、线宽以及端点、角点、填充样式的输出效果，同时还可以指定如抖动、灰度、笔号以及浅显等打印效果。

在 AutoCAD 2006 提供了两大类打印样式，一种是颜色相关的打印样式，另一种是命令打印样式，它们都保存在"打印样式管理器"中。选择"文件"/"打印样式管理器"命令，将打开"打印样式管理器"窗口。

使用颜色相关打印样式打印时，是通过对象的颜色来控制绘图仪的笔号、笔宽及线型设定的。颜色相关打印样式的设定存储在以".ctb"为后缀的颜色相关打印样式表中。

命名打印样式可独立于对象的颜色之外。可以将命名打印样式指定给任何图层和单个对象，而不需考虑图层及对象的颜色。命名打印样式是在以".stb"为后缀的命名打印样式表中定义的。

颜色相关打印样式和命名打印样式的选取：

选择"工具"/"选项"菜单命令，在弹出的"选项"对话框中单击"打印和发布"标签，进入"打印和发布"选项卡。单击"打印和发布"选项卡右下角的"打印样式表设置"按钮，将弹出"打印样式表设置"对话框，从中可以选择"使用颜色相关打印样式"或"使用命令打印样式"。

11.4.2　创建打印样式

利用打印样式管理命令，除了对打印样式进行编辑和管理，也可以创建新的打印样式。启动打印样式管理命令有如下两种方法。

（1）在菜单栏选择"文件"/"打印样式管理器"。

其具体操作步骤如下：

1）弹出如图 11-33 所示的"打印样式管理器"对话框。双击"添加打印样式表向导"选项即可启动向导。此时弹出如图 11-34 所示的对话框。

2）在"添加打印样式表"对话框中，单击"下一步"按钮，进入"添加打印样式表—开始"对话框，选中"创建新打印样式表"单选按钮（默认），将创建一新的打印样式表。

3）单击"下一步"按钮，进入"添加打印样式表—选择打印样式表"对话框，在对话框中选中"命名打印样式表"单选按钮，将创建一个命名打印样式表。

4）单击"下一步"按钮，进入"添加打印样式表—文件名"对话框，如图 11-35 所示，在"文件名"文本框中输入打印样式文件的名称"结构施工图"，单击"下一步"按钮，进入如图 11-36 所示的对话框。

图 11-33　打印样式管理器对话框

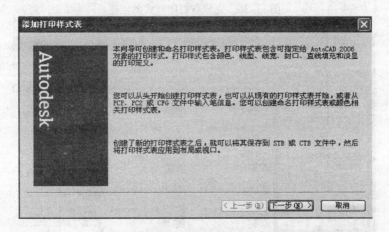

图 11-34　"添加打印样式表"对话框

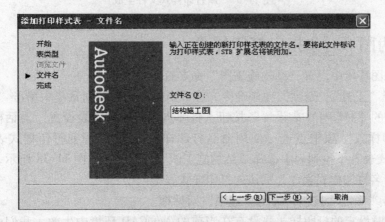

图 11-35　给创建新打印样式命名

5）单击"完成"按钮，结束"添加打印样式表向导"程序，此时在打印样式管理器中新添了文件名为"结构施工图"的打印样式文件，如图 11-37 所示。

（2）在命令行输入"Stylesmanager"，按 < Enter > 键或单击鼠标右键确认。其余操作同上。

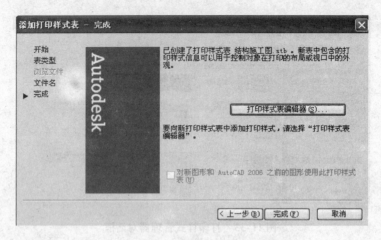

图 11-36　完成新打印样式的创建

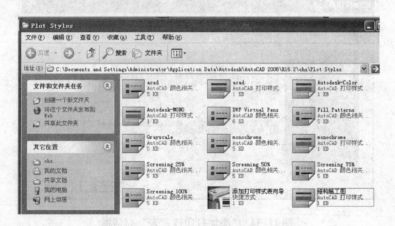

图 11-37　新打印样式文件生成

11.4.3　为图形对象指定打印样式

在当前绘图环境中设置"结构施工图"命名打印样式。

（1）选择"工具"/"选项"菜单命令，在弹出的"选项"对话框中单击"打印和发布"选项卡右下角的"打印样式表设置"按钮，将弹出"打印样式表设置"对话框，在"新图形的默认打印样式"项中点选"使用命名打印样式"，在"当前打印样式表设置"项的"默认打印样式表"下拉列表中选择"结构施工图.stb"项，如图 11-38 所示，将使用"结构施工图"命名打印样式表作为默认的打印样式表。

（2）单击"确定"按钮，关闭"选项"对话框。

但是，此时设定的打印样式并没有在当前的 AutoCAD 环境中生效，我们必须关闭当前图形并重新打开，才能使用"结构施工图"打印样式表。

在"图层特性管理器"对话框中，"打印样式"下拉框由原来的灰显变成亮显显示，如图 11-39 所示，表示设定的打印样式已经在当前图形中生效。

为图形对象指定打印样式特性与指定颜色、图层、线型等特性一样，可使用"图层特性管理器"对话框为图层指定打印样式特性，也可以使用"特性"窗口为对象指定打印样

 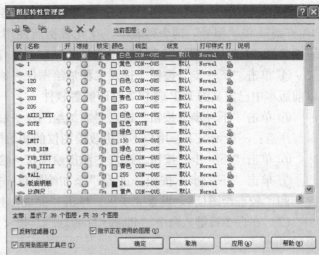

图 11-38　"打印样式表设置"对话框　　　图 11-39　"图层特性管理器"中的打印样式

式的特性。为所有层指定了打印样式，当通过绘图仪或打印机打印图形时，所有层上的对象将按照定义的打印样式来打印。

11.5　打印出图

11.5.1　配置打印机

在打印输出图形文件之前，需要根据打印使用的打印机型号，配置打印机。AutoCAD 2006 提供了许多常用的打印机驱动程序，配置打印机需要到打印机管理器。有两种调用方式打开打印机管理器。

（1）在菜单栏选择"文件"/"绘图仪管理器"。

执行命令后，弹出如图 11-40 所示窗口。

图 11-40　绘图仪管理器

① 双击"添加绘图仪向导"图标，弹出"添加绘图仪—简介"对话框。

② 单击"下一步"按钮，进入"添加绘图仪—开始"对话框。

如果要安装系统打印机或网络绘图仪，可以选择其他两个单选按钮，其方法和步骤与 Windows 其他应用程序相同。

③ 单击"下一步"按钮，进入"添加绘图仪—绘图仪型号"对话框，在该对话框中有"生产商"和"型号"两个列表框，在此根据所使用的打印机选择，如：在"生产商"列表中选择"HP"，"型号"列表框中选择"7550A"，表示将添加 HP7550A 打印机。

④ 单击"下一步"按钮，进入"添加绘图仪—输入 PCP 或 PC2"对话框，可以插入在以前版本中已定义的 PCP 或 PC2 打印配置软件。

⑤ 单击"下一步"按钮，进入"添加绘图仪—端口"对话框，设置合适的端口。

注意：一般情况下，用户不要更改绘图仪的初始位置。

⑥ 单击"下一步"按钮，进入"添加绘图仪—绘图仪名称"对话框。

⑦ 单击"下一步"按钮，进入"添加绘图仪—完成"对话框，设置"编辑绘图仪配置"和"校准绘图仪"。设置完毕后，单击"完成"按钮，结束绘图仪驱动程序的安装。

（2）在命令行键入命令"Plotter Manager"，按 < Enter > 键或单击鼠标右键确认。其余操作同上。

11.5.2　打印输出

打印输出时应注意以下几点。

1. 纸张大小和方向

根据输出设备以及纸张的来源、大小、规格的不同设置，通常情况下使用标准的图纸规格，如 A1 图纸的大小为 841×594；也可以根据图形情况自定义输出纸张的大小。但定义的纸张大小不能超过输出设备打印的最大宽度，但长度可以增加。

纸张设置完成后，允许纸张纵向和横向放置的情况下，应考虑与图形输出的方向相对应。

2. 输出图形的范围和比例

图形绘制完成后，要将图形输出到图纸上，须选定输出图形的范围。通常确定输出图形范围的方式：绘制图形时设置的图形界限、绘制图形所占用的空间范围、屏幕上显示的图形和利用窗口选定一个范围等。绘图范围的选择与窗口缩放命令操作类似。

范围选好之后，设定绘图比例。绘图比例是指出图时图纸上的单位尺寸与实际绘图尺寸之间的比例。例如：绘图比例 1∶1，出图比例 1∶100，则图纸上的 1 个单位长度代表了 100 个实际单位长度。

计算机提供了按图纸空间自动比例缩放、选定一个设定的比例和自定义比例等方式。

技巧：首先可以使用自动比例，然后选用接近它的整数比例。

3. 打印输出

为了确保打印正确，应首先进行预览，确定无误后打印。

（1）在"文件"的下拉菜单中，选择"打印"选项。

1）弹出如图 11-41 所示的"打印—模型"对话框。

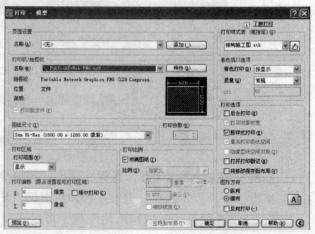

图 11-41　"打印—模型"对话框

① 在图 11-42 所示的"页面设置"选项区中，可以将图形中保存的命名页面设置作为当前页面设置，也可以单击"添加"按钮，创建一个新的命名页面设置。

● 名称：显示当前页面设置的名称。

● 添加：显示"添加页面设置"对话框，从中可以将"打印"对话框中的当前设置保存到命名页面设置，也可以通过页面设置管理器修改此页面设置。通常此项不做设置。

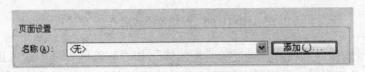

图 11-42　"页面设置"选项

② 在图 11-43 所示的"打印机/绘图仪"选项区中，选择打印机或绘图仪。

在"名称"栏的下拉列表中点选与用户所用打印设备一致的设备名称（打印机或绘图仪），则在下列各项中对应显示相应内容（图 11-44）：

● 绘图仪：显示当前所选的打印设备名称。

● 位置：显示当前所选的输出设备的物理位置。

● 说明：显示当前所选的输出设备的说明文字。可以在绘图仪配置编辑器中编辑这些文字。

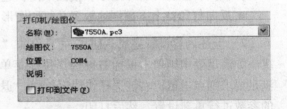

图 11-43　"打印机/绘图仪"选项　　　　　　图 11-44　打印机/绘图仪选择

③ 在图 11-45 左所示的"图纸尺寸"选项区，进行图纸尺寸设置。

在显示的所选打印设备可用的标准图纸尺寸列表中点选需要的尺寸，则在预览图中显示其尺寸情况（图 11-45 右）。

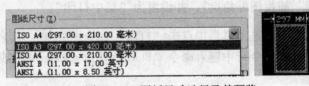

图 11-45　图纸尺寸选择及其预览

④ 在图 11-46 左所示的"打印区域"选项区，确定所需打印的图形范围。

在"打印范围"下，可以采用以下方式选择打印的图形区域。

● 图形界限/布局：模型时，将打印所设定的图形界限范围内的所有内容；布局时，将打印指定图纸尺寸的可打印区域的所有内容。

● 范围：当前空间内的所有几何图形都将被打印。打印之前，可能会重新生成图形以重新计算范围。

● 显示：打印当前视口显示的全部范围。

● 窗口：常用此项，用于打印指定的图形部分。选择"窗口"后，出现图 11-46 右所示"窗口"按钮，点击该按钮，则命令行提示指定打印窗口，使用鼠标指定要打印区域的两个角点（常用），或输入坐标值确定打印范围。

图 11-46　打印范围确定

⑤ 在"打印偏移"选项区，通过在"X 偏移"和"Y 偏移"框中输入正值或负值，可以偏移图纸上的几何图形；采用居中打印时自动计算 X 偏移和 Y 偏移值，在图纸上居中打印。当"打印区域"设置为"布局"时，不可用居中打印。

⑥ 在"打印比例"选项区，选择图形单位与打印单位之间的比例。通常选择"布满图纸"。

⑦ 在"打印样式表"选项区，设置、编辑打印样式表或者创建新的打印样式表。

⑧ 在"打印选项"选项区，指定线宽、打印样式、着色打印和对象的打印次序等。

⑨ 在"图形方向"选项区，为支持纵向或横向的绘图仪指定图形在图纸上的打印方向。图纸图标代表所选图纸的介质方向，字母图标代表图形在图纸上的方向。

- 纵向：放置并打印图形，使图纸的短边位于图形页面的顶部。
- 横向：放置并打印图形，使图纸的长边位于图形页面的顶部。
- 反向打印：上下颠倒地放置并打印图形。

2）上述内容设置完成后点击左下角的"预览"按钮 [预览(P)...] ，可预览图形打印情况。如满足要求则单击鼠标右键选择快捷菜单中"打印"选项，可按要求打印图形；如不满足要求则点击鼠标右键选择快捷菜单中"退出"选项，回到"打印"对话框，对不满意的参数进行重新设置，然后打印。

如图形太小且位置不正，则返回"打印"对话框，重新选定图形打印范围（打开"对象捕捉"捕捉图框角点），并设置为"居中打印"。

（2）在标准工具栏中点击"打印"命令图标 🖨️。其余操作同上。

（3）在命令行中键入命令"Plot"，并按 < Enter > 键或单击鼠标右键。其余操作同上。

第 12 章　建筑结构绘图应用实例

�֍ **学习要求**：通过本章的学习，了解 AutoCAD 命令在建筑结构工程绘图中的应用思路，学会合理地将命令应用于建筑结构工程绘图中。

✖ **学习提示**：绘图命令的合理应用会大大提高工作效率，是准确、快速绘制工程图形的保证。

12.1　建筑结构大样绘制

1. 修剪命令应用

使用修剪命令，将图 12-1a 所示的梁横断面图修剪为如图 12-1c 所示的施工图。

命令执行过程如下。

命令：修剪。

选择对象或 < 全部选择 >：鼠标拾取 P_1、P_2、P_3（选取修剪边界），按 < Enter > 键结束选择。

选择要修剪的对象：鼠标拾取 P_4、P_5、P_6、P_7、P_8 按 < Enter > 键结束选择。

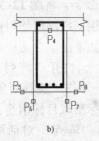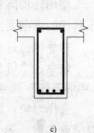

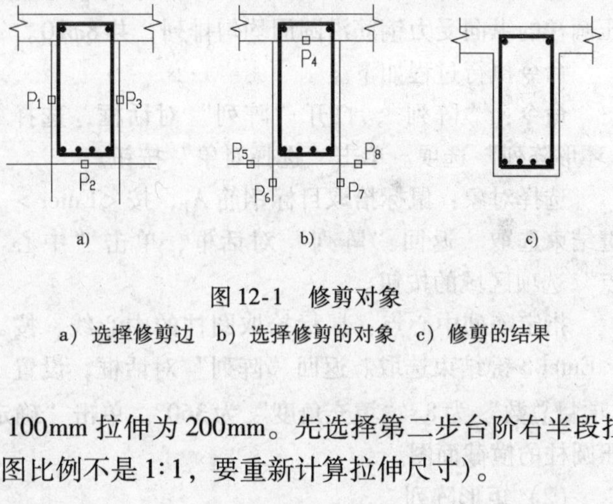

图 12-1　修剪对象

a）选择修剪边　b）选择修剪的对象　c）修剪的结果

2. 拉伸命令应用

使用拉伸命令，将图 12-2a 所示的毛石基础第二步台阶的水平向尺寸由 100mm 拉伸为 200mm。先选择第二步台阶右半段拉伸 100mm（此图假定比例为 1∶1，若详图比例不是 1∶1，要重新计算拉伸尺寸）。

命令执行过程如下。

命令："拉伸"。

选择对象：用窗交方式选择拉伸的对象，分别拾取 P_1 和 P_2 点，按 < Enter > 键结束选择。

指定基点：指定图 12-2b 中基点 P_3。

指定第二个点或 < 使用第一个点作为位移 >：100。按 < Enter > 键结束。

执行完拉伸命令后，基础详图右边第二步台阶被向右拉伸了 100mm，此台阶宽度为 200mm，如图 12-2c 所示。

同样的做法，基础详图左边第二步台阶也可以达到同样的设计要求，这里不再赘述。

3. 阵列命令应用

（1）环形阵列

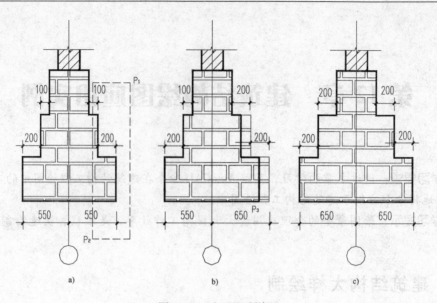

图 12-2　毛石基础详图
a）选择拉伸对象　b）指定拉伸点　c）拉伸结果

使用环形阵列命令，将图 12-3a 所示的轴心受压圆柱的纵向受力钢筋沿圆周均匀排列，共 8φ20。

命令执行过程如下。

命令："阵列"，打开"阵列"对话框，选择"环形阵列"选项。单击"选择对象"按钮。

选择对象：鼠标拾取目标钢筋 A_1，按 <Enter> 键结束选取。返回"阵列"对话框，单击"中心点"选项区域的按钮。

指定阵列中心点：鼠标拾取圆柱的中心线，按 <Enter> 键结束选取。返回"阵列"对话框，设置

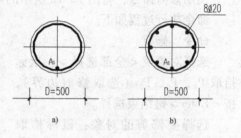

图 12-3　圆形截面柱配筋图
a）选择阵列对象　b）阵列的结果

"项目总数"为 8，"填充角度"为 360°。单击"确定"。最后得到如图 12-3b 所示的轴心受压圆柱的横截面图。

（2）矩形阵列

使用矩形阵列命令，利用图 12-4a 所示的单个柱平面布置来将其他各排各列柱阵列出来（按 1∶1 绘制）。

命令执行过程如下：

命令："阵列"，打开"阵列"对话框，选择"矩形阵列"选项。单击"选择对象"按钮。

选择对象：用窗口方式选择阵列的目标 Z_1，按 <Enter> 键结束选取。返回"阵列"对话框，分别设置"行数"为 4，"列数"为 5，"行偏移"为柱进深 5400，"列偏移"为柱开间 7200，"阵列角度"设置为 0。单击"确定"按钮。最后得到如图 12-4b 所示的柱网布置图。

4. 倒角命令应用

使用倒角命令，将图 12-5a 圈梁转角处的附加钢筋 2Φ12 表示成如图 12-5b 的形式。

命令执行过程如下。

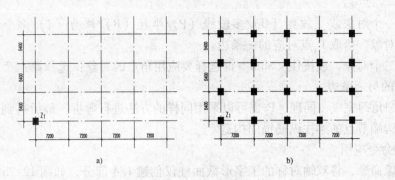

图 12-4 柱网布置图

a) 选择阵列对象 b) 阵列结果

命令："倒角"。

选择第一条直线或 [放弃（U）/多段线（P）/距离（D）/角度（A）/修剪（T）/方式（E）/多个（M）]：D（设置倒角距离），按 < Enter > 键结束。

指定第一个倒角距离 < 0.000 > ：330，按 < Enter > 键结束。

指定第二个倒角距离 < 330.000 > ：330，按 < Enter > 键结束。

选择第一条直线或 [放弃（U）/多段线（P）/距离（D）/角度（A）/修剪（T）/方式（E）/多个（M）]：鼠标选择第一倒角对象 P_1P_2 线段。

选择第二条直线，或按住 < Shift > 键选择要应用角点的直线：鼠标选择第二倒角对象 P_1P_3 线段。最后得到如图12-5b所示的圈梁转角处的附加钢筋平面图。

5. 圆角命令应用

使用圆角命令，将如图 12-6a 所示的钢筋砼框架梁、柱纵筋在端节点的锚固进行圆角处理（如 P_1 和 P_2 点），以方便施工。

命令执行过程如下。

命令："圆角"。

选择第一个对象或 [放弃（U）/多段线（P）/半径（R）/修剪（T）/多个（M）]：R（设置圆角半径），按 < Enter > 键结束。

指定圆角半径 < 0.0000 > ：150（当弯折纵筋 $d \leqslant 25mm$ 时）或 200（当 $d > 25mm$ 时），按 < Enter > 键结束。

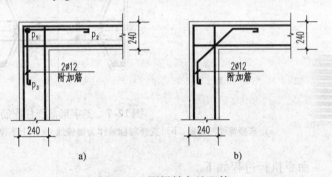

图 12-5 圈梁转角处配筋

a) 选择倒角对象 b) 倒角后的结果

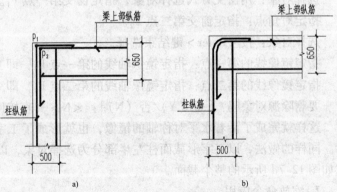

图 12-6 圈梁转角处配筋

a) 选择圆角对象 b) 圆角后的结果

选择第一个对象或［放弃（U）/多段线（P）/半径（R）/修剪（T）/多个（M）］：选择第一个圆角对象，拾取 P_1 点对应的一条边。

选择第二个对象，或按住 <Shift> 键选择要应用角点的对象：选择第二个圆角对象，拾取 P_1 点对应的另一条边。

P_1 点的圆角即完成。同理，P_2 也可以采用同样的方法进行弯折。最后得到如图 12-6b 所示的框架结构端节点的梁柱纵筋锚固构造。

6. 镜像命令应用

使用镜像命令，将双轴对称的工字形截面柱仅创建 1/4 部分，如图 12-7a，然后通过镜像快速生成整个截面。

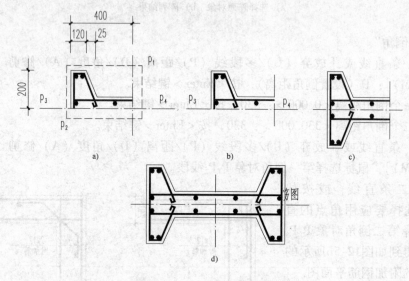

图 12-7　工字形截面柱配筋图

a) 选择镜像的对象　b) 选择对称轴作为镜像线　c) 上下镜像的结果　d) 左右镜像的结果

命令执行过程如下。

命令："镜像"。

选择对象：用窗交方式选择对象，指定窗交第一点 P_1。

指定对角点：指定窗交第二点 P_2。

选择对象：按 <Enter> 键结束选择。

指定镜像线的第一点：指定镜像轴线的第一点 P_3，即工字形截面水平对称轴的左端。

指定镜像线的第二点：指定镜像轴线的第二点 P_4，即工字形截面水平对称轴的右端。

要删除源对象吗？［是（Y）/否（N）］：<N>（直接回车接受默认选项）。

这样就完成了沿着水平对称轴的镜像，也就形成了工字形截面柱的 1/2，如图 12-7c 所示。同样的做法，以工字形截面柱左半部分为选择对象，以竖向对称轴为镜像轴线，即可完成如图 12-7d 所示的整个截面。

7. 缩放命令应用

在绘制梁柱纵横剖面或基础详图时，通常采用的比例为 1∶20，1∶25，1∶30 和 1∶50。按此比例绘图，每个尺寸都需要按比例折算，很繁琐。一般工程技术人员为使绘图更方便快捷，通常采用 1:1 的比例绘图，如图 12-8a，然后使用缩放命令来达到如图 12-8b 所示图纸要求的比例 1:20。

命令执行过程如下。

命令："缩放"。

选择对象：选择缩放对象。

选择对象：按 < Enter > 键结束选择。

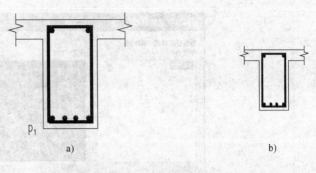

图 12-8　按比例缩放对象
a）指定缩放对象和基点　b）缩小后的对象

指定基点：鼠标指定左下角点 P_1 为缩放基点。

指定比例因子或［复制（C）/参照（R）］< 1.0000 >：0.05 或 1/20（指定缩放比例为 1:20），按 < Enter > 键结束命令。

8. 线性标注命令应用

将截面尺寸为 250×650 的梁标注在图 12-9a 上，标注结果如图 12-9c。

在绘制梁截面时，一般为方便快捷起见，先按 1:1 比例绘出，然后按施工图要求 1:25 缩放，即缩放比例为 0.04 或 1/25，此后再对截面图进行标注。

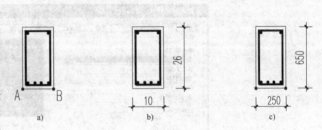

图 12-9　标注梁的截面尺寸

命令执行过程如下。

（1）命令："标注"工具栏/"线性"按钮。

指定第一条尺寸界线原点或 < 选择对象 >：拾取 A 点作为标注线性尺寸的第一点。

指定第二条尺寸界线原点：拾取 B 角点作为标注线性尺寸的第二点。

指定尺寸线位置或［多行文字（M）/文字（T）/角度（A）/水平（H）/垂直（V）/旋转（R）］：向下拉出标注尺寸线，自定义合适的尺寸线位置。

标注文字 = 10（默认图上实际尺寸，即梁缩小后的宽度）。

同样的操作，得到梁高的标注文字 = 26（默认图上实际尺寸，即梁缩小后的高度）。

注意：标注的尺寸并非实际梁宽 250mm 和实际梁高 650mm，是按 1:25 比例缩放后的尺寸 10mm 和 26mm。由于尺寸界线是箭头，并非建筑标记，不符合建筑制图的标准，所以需要对标注的样式进行修改。

（2）命令：单击"标注"工具栏上"标注样式"按钮，弹出"标注样式管理器"对话框，如图 12-10 所示。

1）单击此对话框右边的"修改"按钮，弹出"修改标注样式"对话框，单击"符号与箭头"选项卡，如图 12-11 所示。

在"箭头"选项区域中的"第一项"和"第二个"下拉列表中选择"建筑标记"。

2）单击"主单位"选项卡，如图 12-12 所示。

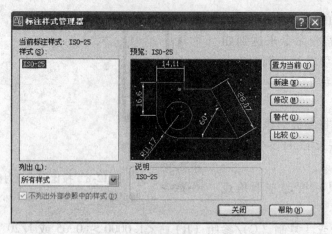

图 12-10 "标注样式管理器"对话框

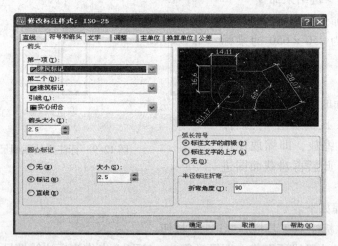

图 12-11 "修改标注样式"对话框的"符号与箭头"选项卡

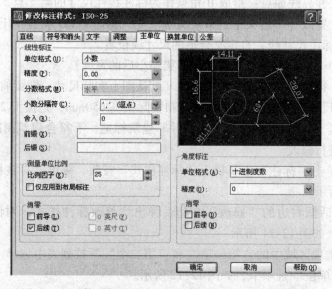

图 12-12 "修改标注样式"对话框的"主单位"选项卡

"测量单位比例"选项区域,"比例因子"应设置为绘图比例的倒数。本图中使用的比例为 1∶25,故"比例因子"应该设置为"25",即可正确标注。

最后单击"确定"按钮,返回"标注样式管理器"对话框,选择"置为当前"按钮;同时单击"关闭"按钮。标注尺寸会自动更新为图 12-9c 所示的正确标注样式。

12.2 建筑结构平面布置图绘制

下面通过综合练习来进一步熟悉 AutoCAD 绘图的正确流程和方法。同时要了解"结构平面布置图"绘制的过程和需要表示的内容。

绘制图 12-13 所示的结构平面布置图。作图的基本步骤如下。

(1) 新建图形文件,并定义图形文件名,同时保存在预定的硬盘或软盘空间内。一般保存在硬盘内,如 D 盘、E 盘或 F 盘内。

(2) 规划好图层,将不同类型的图线放在不同类型的图层中,并且设置相应的线型、线宽和颜色。分析本图后,需设置五个图层。

1) 第一图层:定义为轴线图层,线型为点划线,线宽 0.15mm,颜色一般由自己定,但要注意所设置的颜色不要引起视觉疲劳,建议设置为红色或白色。

2) 第二图层:定义为现浇柱图层。线型为细实线,线宽 0.15mm,颜色建议设置为黄色。

3) 第三图层:定义为现浇梁图层。线型为虚线,线宽为 0.15mm,颜色建议设置为白色或青色。

4) 第四图层:定义为钢筋图层。线型为粗实线,线宽为 0.35mm,颜色建议设置为红色。

5) 第五图层:定义为尺寸标注图层。线型为细实线,线宽为 0.15mm,颜色建议设置为绿色或白色。

(3) 以第一图层——轴线为当前图层开始绘图。绘图前先明确比例,本图比例为 1∶100。第一步绘制横向(即短向)①号轴线,线段的起点为可以定在任意点,线段的终点为 195mm(实际尺寸 19500mm)垂直绘成①轴线,接着通过复制、偏移或阵列命令,将间距为 36mm(实际尺寸 3600mm)的 11 根横向中心线全部从左至右画出,其中 5 根为 CL 中心线,6 根柱轴线,第一根以及每隔一根为柱轴线,依次编号为①、②、③、④、⑤、⑥。第二步绘纵向(即长向)Ⓐ轴线,将①轴线起点与⑥轴线起点连线即为Ⓐ轴线,然后以Ⓐ轴为目标,向上偏移 84mm(实际尺寸 8400mm)、27mm(实际尺寸 2700mm)、84mm(实际尺寸 8400mm) 即可得到Ⓑ、Ⓒ和Ⓓ轴线。至此,本图轴线网已形成。

(4) 置第二图层——现浇柱为当前图层。先定义柱断面为 5mm×5mm(实际尺寸未给出,暂定 500mm×500mm)为一正方形,置于①轴与Ⓐ轴交点上,然后再将方柱内部作实心图案填充,最后用多次复制或阵列命令将实心柱绘制在各轴线交点上(位置见图 12-13)。

(5) 将第三图层——现浇梁置于当前图层,采用多线的命令画出双线梁。图 12-13 中显示两条虚线间的距离即为梁宽,其中 KL₁、KL₂ 宽为 3mm(实际尺寸为 300mm),CL 宽为 2.5mm(实际尺寸 250mm),各梁偏移量均为 0,即梁对中心线无偏心。先用多线命令绘出①轴 KL₁ 双线,起点为①轴起点,终点为①轴终点,然以 KL₁ 双线分别为目标,用复制、偏

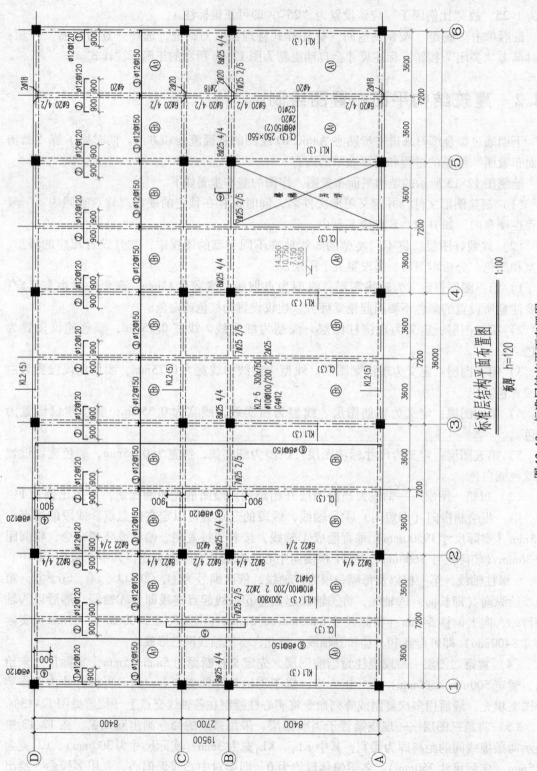

标准层结构平面布置图

1:100

板厚 h=120

图 12-13 标准层结构平面布置图

移或阵列命令，将间距 72mm（实际尺寸 7200mm）的 6 根 KL₁ 全部绘出；再绘制①～②轴线间的 CL，采用与上述同样的方法，将 5 根 CL 依次绘出。接着绘制 KL₂，采用相同的方法先绘出Ⓐ轴 KL₂ 双线，然后用 KL₂ 双线分别为目标，用偏移命令向上偏移 84mm（实际尺寸 8400mm）、27mm（实际尺寸 2700mm）、84mm（实际尺寸 8400mm），即可得到Ⓑ、Ⓒ、Ⓓ轴线上的 KL₂。

（6）以第四图层——钢筋图层为当前图层，对板中钢筋进行绘制。首先我们分析现浇板沿短向各跨跨度和配筋是相同的，所以只要绘出一跨内的钢筋就可以很方便地得到全部钢筋。我们先将板和钢筋进行编号，见图 12-13。下面选择绘制Ⓐ板配筋。

1）先画①号支座负筋。用多段线命令从①号轴线上的任一点作起点，垂直向上 1.05mm（实际尺寸未给出，暂定 105mm），然后水平段画出 9mm（实际尺寸 900mm），最后向下弯折 1.05mm 即完成。

2）接着画②号支座负筋。同样的方法，用多段线的命令从①～②轴线间的 CL 中心线上的任一点作起点向左水平段画出 9mm（实际尺寸 900mm），然后向下弯折 1.05mm（实际尺寸 105mm），这样就画出了②号钢筋的左半部，以 CL 中心线为镜像中心线将②号筋的左半部分镜像到右半部分，这样就完成了②号支座负筋。还有许多方法可以画出②号支座筋，可根据自己对各种方法的熟练程度来完成，这里不再赘述。

3）画出③号跨中正钢筋。由于此筋为板底钢筋，所以弯钩向上，并成 180°。先用多线命令从①轴线起点到 CL 中心线结束，两端向上做 180°弯钩，弯钩直线段长度 1mm（实际长度按规范要求，这里仅作示意）。

4）画④、⑤、⑥号筋。④、⑤、⑥号筋仅画在其中一跨，或分别画在任意跨，不必每跨都画，位置可参考图 12-13。画法参考前面所述。

5）画好Ⓐ板后，右边各板可以采用阵列或复制命令，以②、③号筋为目标，间距为 36mm（实际距离 3600mm），完成各板配筋。在结构平面布置图中对于相同编号的板也可以只画一块板的配筋，即可指导施工。

（7）以第五图层——尺寸标注图层为当前图层开始尺寸的标注。按照绘制结构平面布置图的要求，一般在图的左边和下边各标注两道尺寸。图 12-13 为了同时标注 CL 的间距，故下边要标注三道尺寸线。标注尺寸的位置要注意图面的美观，第一道尺寸线距建筑物外边线 20mm 的距离，各道尺寸线之间要留有 8mm 的间距。下面阐述标注过程。

1）在标注前先将①、②、③、④、⑤、⑥轴线用延伸命令延伸至距建筑物外边线 50mm 处，然后在各轴线端头画直径为 8～10mm 的轴线圆。接着开始连续标注，共三道尺寸线，每道尺寸线间距 8mm；同样可以标注出左边两道尺寸线和轴线圆。图中还有支座负筋的标注，也可以同样完成。

标注前要注意：绘图选用的为比例 1 : 100，那么在 "新建标注样式" 对话框的 "主单位" 选项卡中，"比例因子" 应该设置为 "100" 才能正确标注。

2）图中还有需要标注的文字，对图中的文字采用单行文字命令，一般数字或字母的高度定义为 3mm，文字的高度定义为 5mm 即可，图名的字体高度定义为 10mm。但对于图纸的说明，需选用多行文字命令。

（8）最后细化、美化、完善绘出的图形，完成全图。

注意：在绘图的过程中，要时刻牢记使用 "保存" 命令，以确保已绘制的图形不丢失。

第 13 章　建筑绘图应用实例

✳ **学习要求**：通过本章的学习，了解 CAD 命令在建筑工程绘图中的应用思路，更加合理地将命令应用于建筑的工程绘图当中。

✳ **学习提示**：绘图命令的合理应用会大大提高工作效率，是准确、快速绘制工程图形的保证。

　　建筑平面图是建筑施工图中最基本的图形，本章通过介绍图 13-1 所示的建筑平面图从绘制到打印的整个过程，说明 AutoCAD 命令在建筑施工图当中的应用及建筑施工图绘图思路。

13.1　建筑平面图的内容

　　(1) 平面轴网、轴号、轴线尺寸。
　　(2) 墙体、柱、内外门窗位置和编号。
　　(3) 注写房间的名称或编号（也可注明房间面积）。
　　(4) 注写室内外的门窗尺寸及室内楼、地面和室外地面的标高。
　　(5) 表示电梯、楼梯位置及楼梯上、下方向及定位尺寸。
　　(6) 表示阳台、台阶、坡道、竖井、烟道、窗台、散水、花池、排水沟等位置及尺寸。
　　(7) 画出固定的卫生器具、厨房设备及简单家具位置。
　　(8) 底层平面应画出剖面图的剖切符号、剖断符号及编号，指北针。
　　(10) 标注有关部位上节点详图的索引符号。
　　(11) 注写图名和比例。
　　(12) 图纸的打印和输出。

13.2　建筑平面图的绘制过程

　　1. 平面轴网、轴号、轴线尺寸
　　(1) 建立平面基本轴网：首先新建轴网图层，设定好轴线、轴号、标注文字的颜色、线型、线宽（见图 13-2），一般轴线颜色为红色、线型为点画线、线宽可为默认的 0.25。
　　1) 图层设置为轴线图层，用 "Line" 命令作垂直线轴①，从左往右复制轴线①，轴线距离为 "3600, 5400, 3900, 3900, 5400, 3600"。
　　2) 作水平轴线 [A] 轴，复制 [A] 轴从下到上的轴线距离为 "5700, 3000, 3000"。

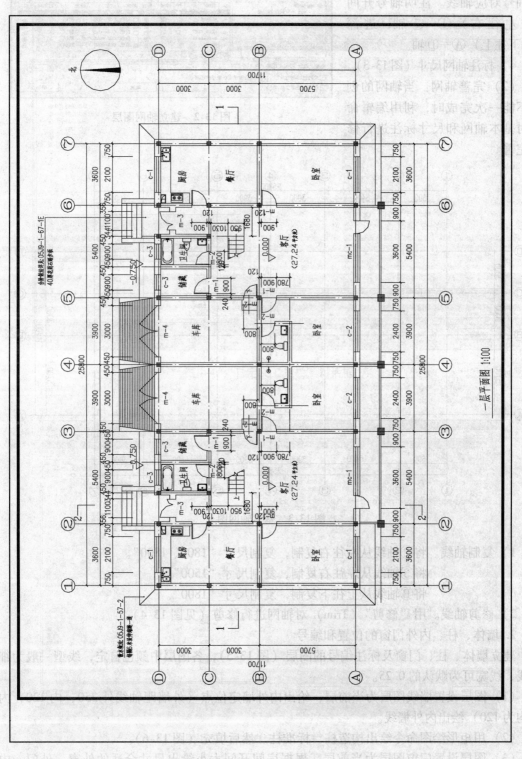

一层平面图 1:100

图 13-1 建筑平面施工图

3）图层设置为轴号层，画出轴号对应轴线。注明轴号开间（从左往右）①—⑦轴，进深（从下往上）Ⓐ—Ⓓ轴。

4）标注轴网尺寸（图13-3）。

（2）完善轴网：当轴网的创建不能一次完成时，利用编辑命令对基本轴网和尺寸标注进行修改完善。

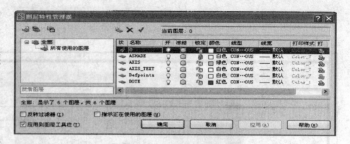

图 13-2　建立轴网图层

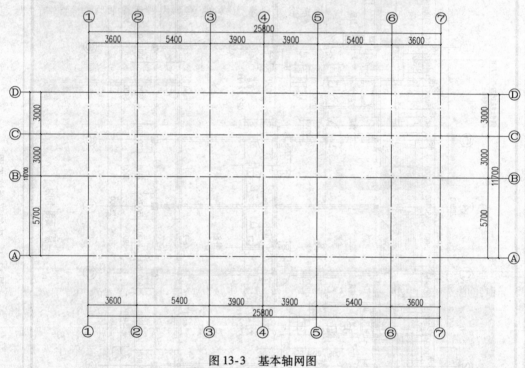

图 13-3　基本轴网图

1）复制轴线。将②轴线从左往右复制，复制尺寸"1800、1800"。

　　　　　　将③轴线从左往右复制，复制尺寸"1500"。

　　　　　　将Ⓑ轴线从上往下复制，复制尺寸"1800"。

2）修剪轴线。用"修剪"（Trim）对轴网进行修剪（见图13-4）。

2. 墙体、柱、内外门窗的位置和编号

建立墙体、柱、门窗及标注编号的图层（图13-5），各图层中颜色自定，线型一般为细实线，线宽可为默认的0.25。

（1）图层设置墙线图层为当前层，给出内外墙定位点（外墙距轴线外250，内120，内墙均为120）绘出内外墙线。

（2）用矩形绘图命令绘出构造柱、标准柱、然后填充（图13-6）。

（3）图层设置门窗图层为当前层，根据房间开间大小绘出尺寸合适的外窗、外门，内墙窗和门，用修剪命令修剪被插入的门打断的墙线。

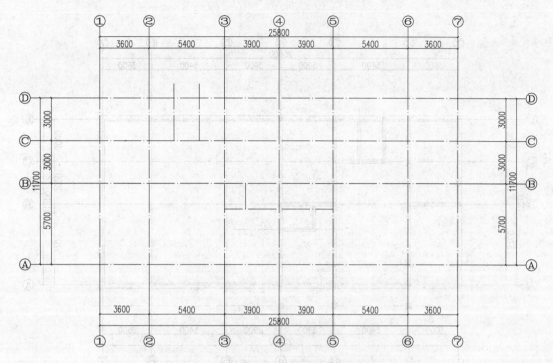

图 13-4　完善轴网

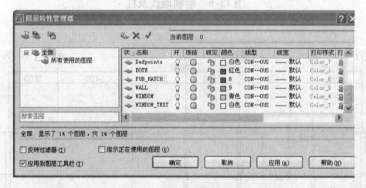

图 13-5　建立构件编号图层

（4）移动门的门置：用"移动"（Move）对 m-3 及两侧墙体的位置进行向下移动 900（图 13-7）。

3. 注写房间的名称或编号（可标注房间面积）

（1）建立新的文字样式。选择下拉菜单"格式"/"文字样式"选项（图 13-8），弹出"文字样式"对话框（图 13-9），选择所需的字体及高度，点击"应用"按钮。（图 13-9）。

（2）图层设置门窗编号图层为当前层，选择下拉菜单"绘图"/"文字"/"单行文字"选项，在所要标注的位置上指定位置，单击"确定"按钮为门窗编号（图 13-10）。

（3）选择下拉菜单"绘图"/"文字"/"单行文字"选项，在所要标注名称的位置上指定位置，单击"确定"按钮，选择汉字输入法，输入房间名称，双击 <Enter> 键结束命令。

（4）用"移动"（Move）对房间名称的位置进行调整（图 13-11）。

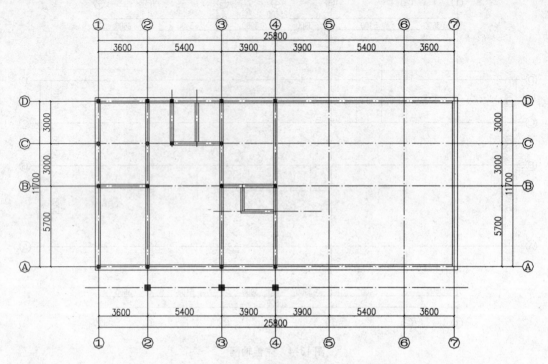

图 13-6　绘制墙线及柱

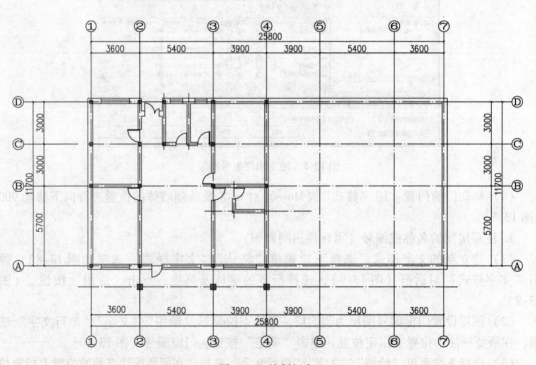

图 13-7　绘制门窗

图 13-8　建立文字样式

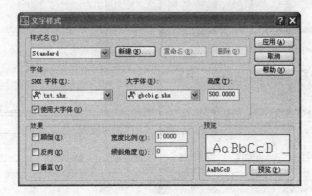

图 13-9　"文字样式"对话框的参数设置

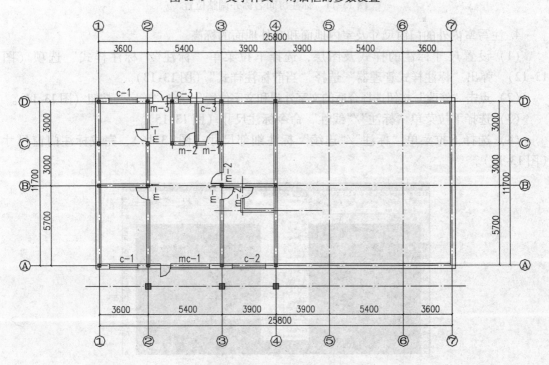

图 13-10　标注门窗编号

（5）如需输入面积，在输入房间名称，单击 < Enter > 键，可输入第二行文字，键入面积值，双击 < Enter > 键结束命令。单击面积值，出现蓝色夹点，单击鼠标右键，在弹出的快捷菜单中选择"对象特性"命令。在弹出的"特性"选项板上的"高度"中修改面积值的字体高度。如图 13-11 中"客厅"的标注。

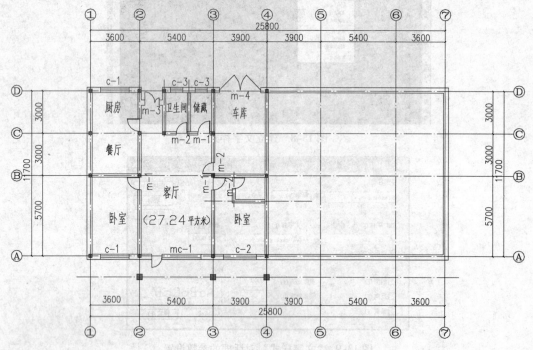

图 13-11　标注房间名称并调整位置

4. 注写室内外的门窗尺寸及室内地面和室外地面的标高

（1）设置尺寸标注的样式及图层，选择下拉菜单"标注"/"标注样式"选项（图 13-12），弹出"标注样式管理器"选择"当前标注样式"（图 13-13）。

（2）点击"修改"按钮选择合适的文字外观和文字位置，点击"确定"按钮（图 13-14）。

（3）选择下拉菜单"标注"/"线性"命令标注尺寸（图 13-15）。

（4）选择下拉菜单"标注"/"连续"标注细部尺寸（图 13-16），完成标注门窗尺寸（图 13-17）。

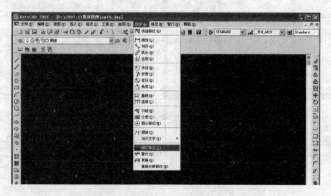

图 13-12　设置尺寸标注样式

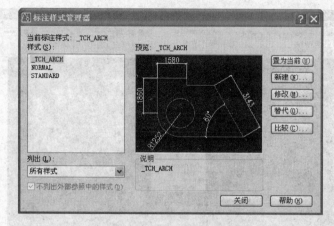

图 13-13　选择当前标注样式

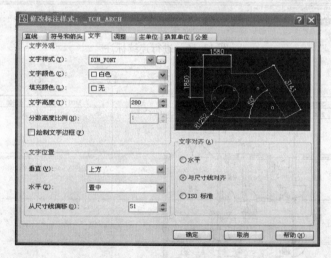

图 13-14　标注样式参数设置

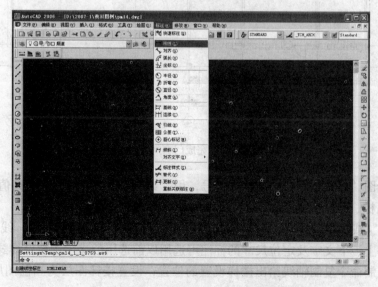

图 13-15　标注基础尺寸（线性标注）

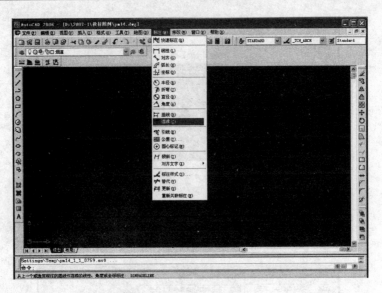

图 13-16 进行连续标注

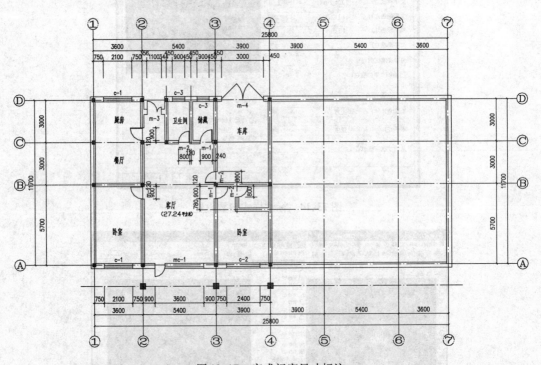

图 13-17 完成门窗尺寸标注

（5）用绘图 "Line" 命令绘制标高符号，用 "绘图"/"文字" 标注标高值（图 13-18）。

5. 表示电梯、楼梯位置及楼梯上、下方向及定位尺寸

建立楼梯（或电梯）图层，一般楼梯图层颜色自拟，线型为细实线，线宽可采用默认的 0.25，楼梯上、下文字及定位尺寸的标注可选用以前选用的文字图层及样式（图 13-19）。

（1）用复制命令复制轴线给出楼梯设置的位置；设置楼梯图层为当前图层，用 "Line" 线画出首层楼梯平面。

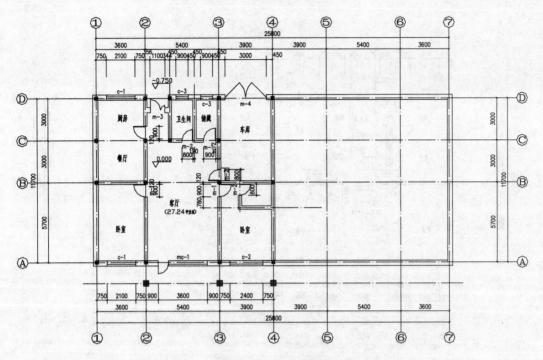

图 13-18　标注标高

图 13-19　建立楼梯（或电梯）图层

（2）选择尺寸标准图层、样式，选择图面合适的位置，标注楼梯的定位尺寸及文字。

（3）画出上行箭头表示楼梯上、下行方向及文字（图 13-20）。

（4）当出现车库侧门的位置不合适时，可用移动命令直接选择要移动的门，移至所需的位置，删除原位尺寸，重新标注尺寸。

6. 表示阳台、台阶、坡道、竖井、烟道、窗台、散水、花池、排水沟等位置及尺寸

分别设置阳台、台阶、坡道、竖井、烟道、窗台、散水等的图层（颜色自定，线型为细实线，线宽为默认的 0.25）。

图层特性对话框与前面相同。

（1）分别设置为当前图层，用“Line”线画出阳台、台阶、坡道、竖井、烟道等的图形在相应位置上。

（2）再设置到尺寸标注图层，与前面相同标注各个设施的尺寸。

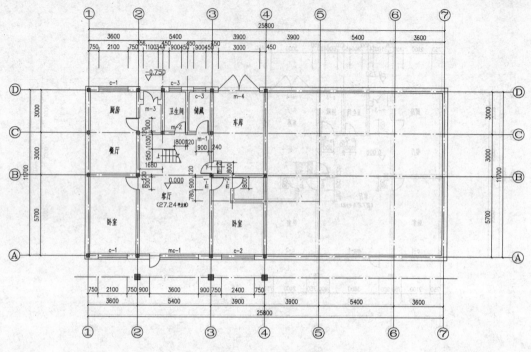

图 13-20　绘制楼梯

（3）需要其他设施时按照"1. 平面轴网、轴号、轴线尺寸"的方式做出并按照"3. 注写房间的名称或编号"的方式标注尺寸。

（4）需要标注文字时，再设置到文字图层，选用所需文字样式进行文字标注（图13-21）。

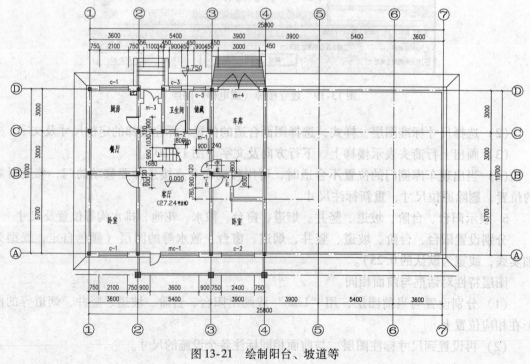

图 13-21　绘制阳台、坡道等

7. 画出固定的卫生器具、厨房设备及简单家具位置

（1）首先应创建我们需要用到的各种卫生器具，如洗手盆、坐便器以及厨房各种设施的块，简单步骤举例："绘图"工具栏选择"创建块"按钮，出现"块定义"对话框（图 13-22），创建"洗手盆"的块。

（2）从"插入"工具栏"插入"对话框（图 13-23）中调出"洗手盆"的块。

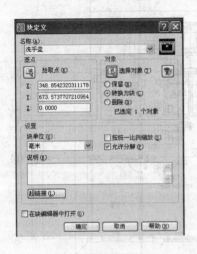

图 13-22　创建块"洗手盆"　　　　图 13-23　插入块"洗手盆"

（3）将图中所需的所有图块创建好并且插入所绘制的平面图中相应的位置（图 13-24）。

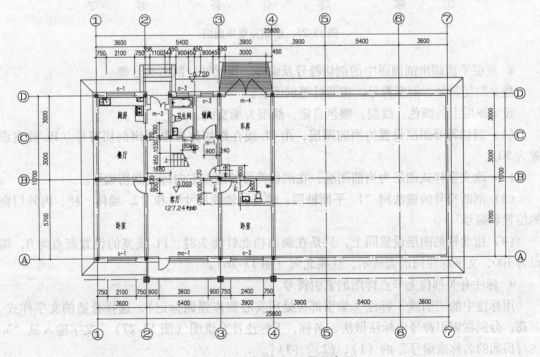

图 13-24　家具及卫生器具布置

（4）当所有平面中的各种设置均布置完后，可以用镜像命令，以④轴为镜像轴，选择①~④轴所有内容做出④~⑦轴平面，完整的平面布置基本完成。

（5）用"Tril"剪切掉多余的散水线，检查是否仍有重合的构件，如有重合构件需删除掉（图13-25）。

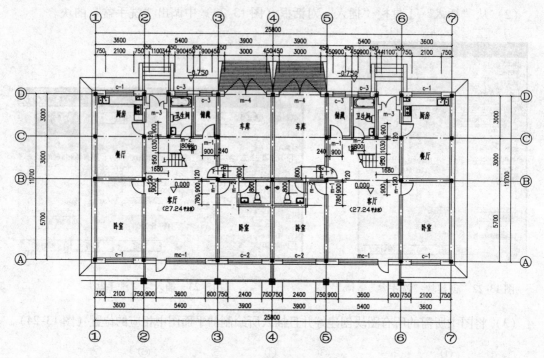

图 13-25　绘制完整平面图

8. 底层平面画出剖面图中的剖切符号及编号、指北针、剖断符号等

建立剖切符号、剖断符号、指北针等的图层。

设定图层上的颜色、线型，颜色自定，线型为细实线。

（1）剖切符号图层设置为当前图层，用 PL 线在剖切位置上画出剖切符号（PL 线宽设置为 50）。

（2）改文字样式图层为当前图层，在剖切符号的剖切方向标注剖切编号。

（3）剖断符号的做法同"1. 平面轴网、轴号、轴线尺寸"和"2. 墙体、柱、内外门窗的位置和编号"。

（4）指北针的图层设置同上，只是在画出指北针箭头时，PL 线宽的设置起点为 0，端点为 100，文字标注同前面所示，注明北向（图13-26）。

9. 标注有关部位上节点详图的索引符号

用标注中的"引线"标注（索引部位处用实心圆作强调标记），选择合适的文字样式、字高，分别在索引符号上标注做法、名称，下标注补充说明（图13-27）[文字输入见"3. 注写房间的名称或编号"的（1）、（2）、（3）]。

10. 注写图名和比例

选择较醒目的文字样式，较大的字高注写图名和比例。文字输入见"3. 注写房间的名

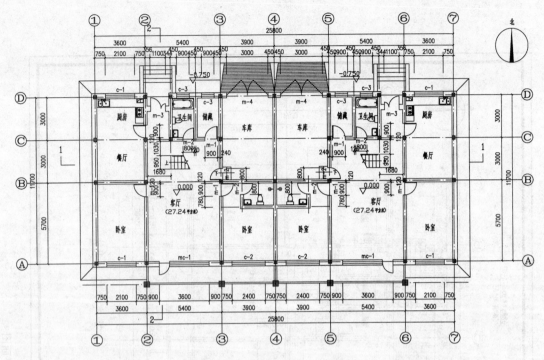

图 13-26 绘制指北针、剖切符号

称或编号"的（1）、（2）。在图名下用 PL 线画出 50 宽线。最后根据图面的大小选择合适的图框插入，调整图框位置，此平面图到此绘制完毕（图 13-28）。

11. 图纸的打印和输出

（1）选择"文件"/"页面设置管理器"选项（图 13-29），弹出"页面设置管理器"对话框（图 13-30）。

（2）单击对话框中"新建"按钮，系统弹出"新建页面设置"对话框。在对话框中的"新页面设置名"文本中输入名称，如"建筑打印"（图 13-31）。

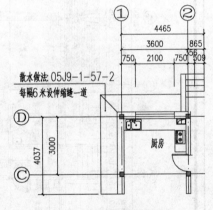

图 13-27 做法、详图索引

（3）单击对话框中的"确定"按钮，关闭对话框，并弹出"页面设置—模型"对话框（图13-32）。

（4）在"打印/绘图仪"选项区域的"名称"下拉列表中选择已安装的打印机或绘图仪；在"图纸尺寸"下拉列表中选择该打印机支持的打印幅面；在"打印区域"的"打印范围"下拉列表框中选择"窗口"，此时"页面设置"对话框暂时消失，回到视口。框选要打印的部分，返回"页面设置—模型"对话框；在"打印偏移"中选"居中打印"复选框；在"打印比例"的"比例"下拉列表中选择所需的比例；在"打印样式表"中选"acad.ctb"；在"着色视口选项"下拉列表中选"按显示"；在"质量"下拉列表选项中选"常规"；在"打印选项"中选"按样式打印"。

（5）单击"打印样式编辑器"按钮；弹出"打印样式编辑器"对话框，对所有颜色均选择"黑色"；在"编辑线宽"中选择普遍线宽如 0.1300（图 13-33）或单独选择所需的颜

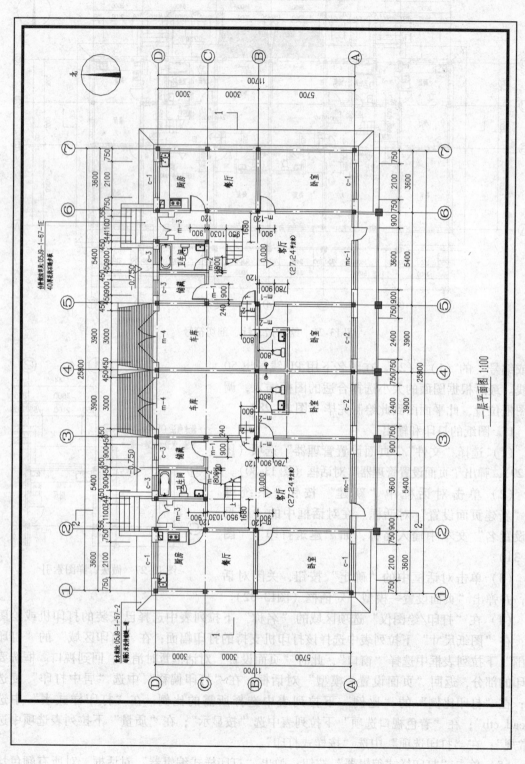

图 13-28　绘制完成的建筑平面图

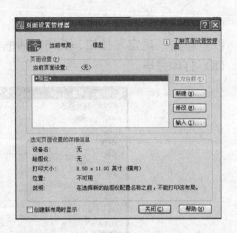

图 13-29　"页面设置管理器"命令　　　　　　图 13-30　"页面设置管理器"对话框

图 13-31　页面设置　　　　　　图 13-32　"页面设置—模型"对话框

色号为其线宽，如颜色 255 选择 0.5000（图 13-34），单击"保存并关闭"按钮退回到"页面设置—模型"对话框。

图 13-33　编辑线宽 1　　　　　　图 13-34　编辑线宽 2

（6）在"图形方向"中选择"横向"按钮；全部设置，如图 13-35。

（7）单击"确定"按钮，关闭对话框，打印机开始打印。

（8）打印完毕。

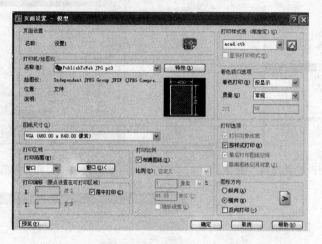

图 13-35　打印参数设置

参 考 文 献

［1］程绪琦，王建华，梁琦，等．AutoCAD 2006 中文版标准教程［M］．北京：电子工业出版社，2006.
［2］赖文辉，李琛琛．AutoCAD 2006 基础与应用［M］．北京：中国计划出版社，2007.

参考文献

[1] 姚洪瑞，王国业，贾敬. AutoCAD 2006 中文版标准教程 [M]. 北京：电子工业出版社，2006.

[2] 吴永进，李茶英. AutoCAD 2006 基础与应用 [M]. 北京：中国电力出版社，2007.